如果运气不好那就试试勇气

[英]尼尔·弗朗西斯 著
钱志慧 译

中国水利水电出版社
www.waterpub.com.cn
·北京·

内 容 提 要

作者以17个关键词为媒介，总结了自己在经历了巨大的人生变故之后，如何用一种更积极的心态面对生活。不是逃避问题，而是乐观豁达地面对现实，然后用正确的方法找到新的人生道路。

北京市版权局著作权合同登记号：01-2021-4640

图书在版编目（ＣＩＰ）数据

如果运气不好，那就试试勇气 / （英）尼尔·弗朗西斯著；钱志慧译. -- 北京：中国水利水电出版社，2021.10
书名原文：Positive Thinking
ISBN 978-7-5170-9947-5

Ⅰ. ①如… Ⅱ. ①尼… ②钱… Ⅲ. ①成功心理—通俗读物 Ⅳ. ①B848.4-49

中国版本图书馆CIP数据核字(2021)第191559号

© Neil Francis 2019
Copyright licensed by LID Publishing
arranged with Andrew Nurnberg Associates International Limited

书　　名	如果运气不好，那就试试勇气 RUGUO YUNQI BU HAO, NA JIU SHISHI YONGQI
作　　者	[英]尼尔·弗朗西斯 著　钱志慧 译
出版发行	中国水利水电出版社 （北京市海淀区玉渊潭南路1号D座　100038） 网址：www.waterpub.com.cn E-mail: sales@waterpub.com.cn 电话：（010）68367658（营销中心）
经　　售	北京科水图书销售中心（零售） 电话：（010）88383994、63202643、68545874 全国各地新华书店和相关出版物销售网点
排　　版	北京水利万物传媒有限公司
印　　刷	天津旭非印刷有限公司
规　　格	130mm×185mm　32开本　7.25印张　120千字
版　　次	2021年10月第1版　2021年10月第1次印刷
定　　价	45.00元

凡购买我社图书，如有缺页、倒页、脱页的，本社发行部负责调换
版权所有·侵权必究

引子 INTRODUCTION

在墨西哥海岸的一个村庄里，有位美国商人正站在码头上。这时，一艘载着几条大金枪鱼的小船靠上了码头，船上只有一名渔夫。

美国商人称赞这位渔夫的鱼质量很好，问他花了多长时间才捕到这些鱼。

渔夫回答说："就花了一会儿工夫。"

美国商人又问他为什么不多花点儿时间捕更多的鱼。渔夫说他捕的鱼已经够全家人吃了。

美国商人问："那你怎么打发剩下的时间呢？"

"我会睡懒觉，钓鱼，陪孩子们玩，陪老婆玛利亚睡午觉。每天晚上，我还会到村庄里散步，和朋友们弹弹吉他，小酌几杯。先生，我过得充实而又忙碌。"

美国商人对此嗤之以鼻。"我拥有哈佛大学的工商管理硕士学位，让我来帮你一把。"他说，"你应该多花点儿时间去捕鱼，用赚到的钱买一艘更大的船；用大船赚到的钱再买几艘船。然后，你就能拥有一支船队，把鱼直接卖给加工厂而不是中间商。接着，你就可以开一家自己的罐头厂，把控产品、加工和销售。你会离开这个小渔村，先搬去墨西哥城，再到洛杉矶，最后到纽约继续经营不断扩大的企业。"

"可是先生，这要花上多长时间呢？"渔夫问。

"十五年吧，也许要二十年。"商人回答。

"先生，然后呢？"

商人笑着说："然后最棒的时刻就要来了！只要时机成熟，你就可以宣布公司上市，向公众出售股票。你将一夜暴富，成为百万富翁！"

"然后呢？"

"然后你就可以退休了，搬到海边的小渔村去。在那里你可以睡懒觉，钓鱼，陪孙子孙女玩，陪你的妻子睡午觉。到了晚上，你还可以去村子里散步，和朋友们弹弹吉他，小酌几杯。"

渔夫说道："您说的不就是我现在的生活吗？"

目录
CONTENTS

▸ **引言**

第一部分
困境后的重生

▸ **第一章 接受现状——接受**

和现在的自己和解 / 018

讲自己的新故事 / 021

▸ **第二章 发现生活的意义——意义**

寻找人生的方向感 / 029

未来在指引我们 / 033

▸ **第三章 成长的心态——心态**

是阻碍也是机遇 / 042

让视野更开阔 / 046

把目光放长远 / 049

第四章 乐观地相信——乐观

让赋能更有力 / 059

乐观需要我们主动 / 061

第五章 与生俱来的力量——天赋

天赋是优势吗 / 069

和天赋打交道 / 074

一直和我们同在 / 077

第六章 主动地选择——选择

为选择负责任 / 083

选择"够好"的 / 085

第七章 懂得感恩——感恩

生活中的满意度 / 094

为感恩的心写封信 / 096

第八章 应对困难——消极

再坚持一下 / 103

抗争过的征程 / 107

- **第九章　失败是成功之母——失败**

  有什么大不了　/　115

  更强大的智慧　/　117

- **第十章　生命的韧性——抗逆力**

  韧性给予的幸福感　/　126

  和逆境交个手　/　130

第二部分
寻找新的可能

- **第十一章　我就是我——价值**

  不要丢失方向感　/　142

  相信自己的价值　/　144

- **第十二章　展开新世界的画卷——想象**

  让一切都变得熟悉　/　152

  寻找感兴趣的事　/　154

  像孩子一样好奇　/　156

第十三章　传递新的可能性——分享

从分享中得到能量 / **165**

反对让人更清醒 / **167**

分享需要时机 / **170**

第十四章　新事物的灵感——创新

创造力的舒适圈 / **179**

第十五章　自我进步的动力——目标

主动一点 / **190**

"聪明的"目标 / **192**

第十六章　给自己一个拥抱——身份

我是谁？ / **201**

和真实的自己和解 / **203**

第十七章　生活依然值得——情绪

乐观是一切好的开始 / **212**

与积极同行的人生 / **215**

致谢

引言 PREFACE

中风后的发现之旅

41岁时严重中风,是发生在我身上最积极的事情之一。

我这样说,你肯定会非常惊讶。

我知道承认这一点很奇怪,所以我在中风十三年后才说出来。但这确实是真的。老实说,如果不是因为中风,我就不会发现人生那么多的可能。

但在1996年10月20日那天,当我躺在医院的病房里,无法说话,记忆支离破碎,右眼暂时性失明时,我和家人都感觉生活跌到了谷底。而在之后的三年多时间里,我们每个人都面临着重重困难和挑战。

所以,你可能会问,我是怎么得出上面那个结论的？一开始很可怕的事怎么会变成好事呢？其实是这件事以及后来的种种挑战，让我最终明白了正向思考的力量，明白了如何在生活中运用它。进入21世纪后，我对正向思考又有了新的认识。我发现只要运用得当，正向思考就能为我的生活创造更多新的可能。我会在书里分享这些认识。

在过去很长时间里，社会上普遍流行这样的观念：只要敢想，就能成功。唯一会阻碍你获取幸福、健康和财富的"拦路虎"就是消极的想法——为了成功，你必须阻止或忽视它。本书将从一个更适当、现实的角度来引导你理解正向思考，但在开始我的阐述之前，我会先探讨"只要积极想法不要消极想法"的观念从何而来，以及这种观念的一些核心原则为何存在缺陷。

正向思考运动

1937年，拿破仑·希尔出版了《思考致富》(*Think and Grow Rich*) 一书。据报道，该书已售出1500万册。

这本书的主旨为：人们的思想能够直接支配物质宇宙。只要心里一直想着希望得到的东西，并保持积极的态度，就能心想事成，甚至超出预期——尤其是在涉及金钱的情况下。在过去的几十年里，自助和商业成功类图书大受市场欢迎。拿破仑·希尔在这个领域里家喻户晓。

1952年，美国教育家诺曼·文森特·皮尔出版了《正向思考的力量》(*The Power of Positive Thinking*)一书。他的核心论点是：专注和相信成功将帮助你克服生活中的所有障碍。无论看起来有多么难以应对，生活中的问题没有正向思考力不能克服的。

2006年，澳大利亚作家朗达·拜恩在其《秘密》(*The Secret*)一书中指出：我们有能力成为自己想成为的人。如果我们向宇宙传达积极的想法，宇宙也会回馈以美好。她认为，如果我们向宇宙传达积极的想法；相反，消极的想法会导致"坏决策"，使已有的焦虑和消极性加剧。"专注＋正向思考"能给人们带来幸福和财富。

同许多人一样，这三位作家基本上赞成同一件事——

正向思考。积极的心态能带来快乐和动力，这才是能实现所有梦想的关键。

这种"正向思考"是有价值的，一些人已经从中获益。拿破仑·希尔和克莱门特·斯通在1960年出版了《积极心态带来成功》(*Success Through a Positive Mental Attitude*)一书，并在书中表达了与皮尔同样的思想。他们创造了"积极心态"这个术语。如今，许多受人尊敬的心理学家和科学家都证明了拥有积极心态能给人带来巨大的好处。

然而，这些方法的本质是通过否认（或忽视）现实来欺骗自己。他们认为，人们应该设法忘记挑战，只思考和设想积极的结果，并以此来解决一切问题。这意味着，当我们感到悲伤、焦虑、沮丧或愤怒的时候，应该用积极的想法压制所有消极的想法。他们提倡重复肯定，也就是一种有助于克服自我破坏和消极想法的积极陈述。他们认为，经常重复这些积极陈述并相信它们，我们就会开始做出积极的改变。

现在，有很多学术和科学研究表明，以这种方式练习正向思考实际上对人是有害的。哈佛大学医学院教授、心理学家苏珊·大卫对此做了很多研究。在其《情绪灵敏度：摆脱困境、拥抱变化，在工作和生活中茁壮成长》(*Emotional Agility, Get Unstuck: Embrace Change and Thrive in Work and Life*)一书中，大卫认为强迫性的积极想法并不能使人快乐。

大卫认为，不管是压制还是试图去避免负面情绪，都是弊大于利的。她表示那种认为所有人都应该幸福快乐、积极思考、始终保持乐观的想法，其实与我们真正的幸福背道而驰。现实生活是脆弱的，我们可能会生病、失业，或者对工作失去热情。很多研究表明，随着时间的推移，努力追求快乐的人最终会变得不快乐。

2014年，纽约大学兼汉堡大学心理学教授加布里埃尔·厄廷根出版了《对积极思维的反思：透视新的动机科学》(*Rethinking Positive Thinking: Inside the New Science of Motivation*)一书。厄廷根的研究表明，正向思考在短期内是有益的，但从长远来看，它会削弱积极性，妨碍我们实现目标，使我们感觉沮丧并停滞不前。生活要向前冲，我们就需要接触世界、感受能量，就得超越正向思考，面对前进道路上的障碍。

此外，心理学在过去二十年左右的时间里还诞生了新的分支——"积极心理学"。该分支由宾夕法尼亚大学心理学教授马丁·赛格里曼创立。1998年以来，相关人员撰写了许多新的研究论文和书籍，创办了新的学术期刊，还成立了国际性的专业协会——国际积极心理学会。

大体上，积极心理学研究的是值得生命活下去的事情。说得再具体一点儿，积极心理学是一门研究人类的思想、情感和行为的科学，既关注人类的优点，也关注人类的缺陷。它提倡"修善补恶"，使普通人的生活更加美好，使苦苦挣扎的人更能实现自我。

反思"正向思考"

我不是说"正向思考"应该被载入史册，相反，我们需要反思这个词的真正含义，赋予它21世纪的新内涵。对正向思考进行正确的定义、理解和实践，可以帮助个人形成应对挑战的强大机制，最大限度地实现生活赋予我们的可能性。

我认为，正向思考的定义应该是：创造可能性，同时懂得评估哪些可能更符合现实，更可能实现。这意味着我们要积极主动地去把握那些能够使生活丰富充实的可能性，同时也要对那些也许会造成伤害的可能性做出反应。正向思考可以让我们坦然面对各种可能性（无论好坏）带来的风险或回报，做出明智的决策，制订相关的应对策略。

如果从这个角度来理解，正向思考就能帮我们做出正确的决定，从而让我们过上一种更平衡、更有意义、更为满足的生活。积极心理学运动及其部分观点帮助我重新思考了正向思考的真正意义。

为清楚起见，我觉得很有必要解释一下"可能性"和"机会"的区别。这两个词的含义截然不同，但在使用上却可以经常互换。"可能性"是指个体或外部环境可能导致某事的发生;"机会"是指某事在一定范围内是可实现的、应把握的。"可能性"比"机会"更容易实现自我管理,因为"可能性"的发生取决于个人,而"机会"则取决于当时的情况。

这正是本书的精髓所在,也是进行正向思考、创造新可能的第一步。你会在本书里认识各种各样的人。如果读过我的其他作品,你还会发现我的生活是多么精彩有趣!我在一家网络开发公司担任过十年首席执行官,41岁突患中风,后来为了帮助康复当上了高尔夫球童,到现在不仅已经出版了三本书,而且成了一家数字营销公司的主管。因此,我遇见并且合作过很多首席执行官、营销经理、作家、艺术家、数字经理、慈善机构老板和企业家。

同时,我也通过某些方式认识了一些从未见面但带给我许多鼓励的人:一场振奋人心的TED演讲、一次记忆犹新的YouTube演说、一位成功的运动员的优异表现、一部Netflix的纪录片……

正是他们帮助我跳出了固有的思维模式,更有创造性地进行思考。这让我获得了以不同视角去反思正向思考的能力，并发现了本书将要探讨的关键主题，以此帮助你开启生活中新的可能性。因此，本书分为"困境后的重生"和"寻找新的可能"两部分。

我将结合他们的故事和自己的经历探讨这些主题。我会在每一章里分享一些故事，确定一个关键主题并进行探索和扩展。全书的第一部分涵盖了接受、人生目标、心态、乐观、优势、选择、感恩、消极、失败和韧性等主题；在第二部分中，我着重阐述了价值、想象、梦想、创造、目标、身份和情感等主题。积极思考这些核心主题，并按照每一章中强调的观念、见解和想法行事，你就会找到一种不同但非常有益的正向思考方式。它将帮助你打开自己，迎接新的可能性。

九年来，我一直在使用这种正向思考方式，我确信它为我的职业生涯和个人生活激发了无数可能性。这就是我为什么会说中风是发生在我身上最积极的事情之一。

让我们先从帮助我开启21世纪正向思考之旅的人说起。

- 接受现状
- 发现生活的意义
- 成长的心态
- 乐观地相信
- 与生俱来的力量
- 主动地选择
- 懂得感恩
- 应对困难
- 失败是成功之母
- 生命的韧性

重生

第一部分

困境后的

Part One

Renascence after Adversity

第一章 接受现状

接受

试着别再回忆过去,

而是积极展望未来,

为自己创造新的历史。

"基本上，你……"

我的神经心理学顾问没有直言，可我感觉得到。在中风18个月后，我从大卫·吉莱斯皮博士的话里听出了他的潜在意思：因为中风造成的损害，我再也无法担任首席执行官了。

是的，我知道自己在语言和记忆方面仍旧问题严重，但却始终坚信终有一天我还能回到热爱的工作中去。我们在咨询会上谈论这一点时，他给出了否定答案（尽管没有明确地说出口）。这些话终止了我的职业生涯。

咨询会开始得很顺利。我向大卫报告了上一次见面以来取得的进展。接着，大卫像往常一样问我在想些什么，要谈些什么。我告诉他，我最近一直在怀念中风前的生活——在一家网络开发公司担任首席执行官。

于是，大卫温和平静地又解释了一遍（这大概是他在过去18个月里的第10次解释），为什么我不可能回到首席执行官的位置上去。但他这次的解释与之前有所不同，不但启发我写出了这本书，还给我的生活带来了许多正向的改变。

"尼尔，你想知道发生了什么吗？"大卫说，"你在悲伤，你在为中风后失去的人生悲伤。你的一部分大脑受到了不可逆转的损伤，你不再具备运营一家公司所需要的技能。因此，你在为中风后失去首席执行官的生活悲伤。"

我看着他哭了起来！

他说得对——我很悲伤，我憎恨中风对我和家人所造成的伤害。大卫接着解释，悲伤是一个分成若干阶段的过程。他在过去的18个月里目睹我经历了这些阶段：凄惨、孤独、焦虑、否认、愤怒、困惑、沮丧。但随后他说道："如果我们的咨询会继续开下去，总有一天你会接受现状的。"

这句话就是星星之火。它最终发展成了一种心态，让我在9个月后终于接受了中风以及中风带给我的所有影响。是的，我接受了我有永久性脑损伤，以及我是中风幸存者的事实，这没什么。最重要的是，我接受了我永远无法再担任首席执行官这一事实，这问题不大。

当我接受了已经发生的一切，接受了自己的现状时，新的可能性就开始在我的生活中出现了。

和解现在的自己

在我看来,"接受"正是正向思考的起点。接受自己在生活中的现实处境,这听起来似乎很容易,其实并非如此。我用了将近三年时间才接受自己无法再担任首席执行官这一事实。在那段时间里,我要么拒绝承认问题,要么试图说服自己受损的大脑会奇迹般地自动痊愈。

我想很多人都有过类似的处境,只是不用面对生死考验。不知道为什么,人们总会"困在"自己的生活观念里,致使无法进步或寻找新的可能性。他们可能想去创业,想写书,想搬到另一个国家生活,但出于这样那样的原因,他们什么也没有做,他们认为自己不可能成功。他们不满意现在的工作，对以前的决定后悔不已，却觉得换工作是一件不可能的事。

无论情况如何，无论经历过什么，如果想要打开自己接受新的可能，首先就得接受自己当前的处境。

这就是你的"现在"，是你的现实生活。

你可能满心愤懑、悔不当初，埋怨命运，埋怨做出的糟糕决定，埋怨老板、同事或你爱的人，但不管怎样，你都得停下来接受现状。一旦接受现状，你就会发现肩上的重担变轻甚至消失了。我知道这对一些人来说很难做到，但如果不去接受，你就只能维持现状，永远无法真正前进。

因为接受"现状"，我才有了今天。你第一步要做的，就是接受生活赋予的一切——无论好坏。这并不容易，也不会马上发生。自从那次和大卫谈过之后，我用了9个月的时间去接受中风及其带来的后遗症。有些人可能接受得很慢，也有些人可能很快就接受了。但要想真正地让自己接受新的可能，首先你就得接受现状。

当我完全接受中风以及中风带给我的不利影响后，悔恨和痛苦就烟消云散了。事实上，我越是接受，越能从中发现积极的东西，因为我开始"看见"新的可能。而当我否认中风的现实时，是发现不了这些可能的。

讲自己的新故事

几年前，我在一场活动上听了爱尔兰记者弗加尔·基恩讲述他的生活和他最近出版的自传《所有这些人》(*All of These People*)。他一直是我敬佩的记者，多年来从波斯尼亚、南非、爱尔兰、卢旺达等世界许多地方发回了大量报道。

那天晚上，基恩坦诚地讲述了他的私人生活。他的父亲沉迷酒精，最后酗酒而死。跟他父亲一样，他也是个酒鬼，但他与酒精展开了激烈的斗争，同时还在抗击持续多年的焦虑和抑郁。

那些年，他成功隐瞒了自己的酗酒问题，无论是对朋友还是对雇用他的英国广播公司。然而，由于害怕被发现，害怕丢掉工作，并且影响到家庭，他最终决定寻求帮助。"最后我顶不住了才向英国广播公司坦白。"他回忆说，"我从西班牙出差回来，给直属上司打了电话，说我遇上了大麻烦，需要休息一段时间。"

那通电话使他得以见到了一个教会他戒酒的人。1999年6月，他成功戒酒，从此再没喝过。在戒酒的初期，一位顾问说他有希望打破令全家人困扰的酗酒循环，他不会像他父亲那样死于酗酒。最重要的是，在顾问看来，他不会再把自己的不幸传给儿子。顾问还对他说："历史可以就此打住，你可以创造一段不同的历史。"

这种说法就是正向思考在发挥作用：首先接受并承认目前面临的困难和挑战，然后试着别再回忆过去，而是积极展望未来，为自己创造新的历史。

接受"现在"之后，就该寻找人生目标了。因此，我想在下一章里向你介绍卡利。

第二章 发现生活的意义

Chapter·02

——意义

不要低估相信的益处，

相信你正在做出的改变，

相信你的人生拥有目标。

为了探讨"目标"对正向思考的影响，我想和大家分享一位杰出年轻女性卡利·斯宾塞的故事。现年27岁的卡利体现了正向思考最重要的一个方面。

2009年，18岁的卡利获得了一个机会，和当地一家青年俱乐部的15名年轻人共同前往卢旺达，帮助卢旺达首都基加利的一所学校建造操场。对卡利来说，这是一次改变人生的经历——她完全爱上了这个国家和这里的人民，念念不忘想要回到卢旺达。

2010年，卡利考上了英国的大学学习体育教学，她办理了延期入学后回到卢旺达。她在当地的一个农户家里住了3个月，过着卢旺达人的生活。她吃着卢旺达的传统食物，住在没有电力、用水受限的房子里。她在当地的学校做志愿者，教小学生英语，同时讲解各种不同的运动。

其间，卡利被带去距离首都基加利大约一小时车程的小村庄参观了信仰与希望小学（Faith and Hope Primary School）。一到学校，她就震惊了：许多学生挤在一间教室里，他们几乎没有学习用品，个个蓬头垢面、面黄肌瘦。卡利立刻意识到，这是她可以发挥作用、做出贡献的地方。

从那之后，卡利每年都会到这所学校两趟，与老师们合作，专门为学生制定了体育教学、健康与幸福等课程。2015年，卡利创立了慈善组织"运动卢旺达"。多年以来，"运动卢旺达"发起并进行了各种各样的项目，直接帮助改善了信仰与希望社区很多儿童的生活。

卡利发起的项目种类繁多。例如"信用与希望之友"这个项目，捐赠者既可以每月向一个普通基金捐款，用于购买学习用品，支付学校的医疗保险费用，也可以向一个危机基金捐款，用于资助最困难的家庭。

此外，卡利还在社交媒体上发起筹款倡议，以便为学校建造一个前所未有的厨房。该倡议取得了巨大的成功。厨房建成之后，旨在每天为全校学生提供一顿热餐的"餐食计划"于2016年春季启动。

我在卡利筹建"运动卢旺达"期间帮助过她，也曾在2018年12月前和她见过面。她依然对"运动卢旺达"和手边正在做的工作充满信心。她告诉我，她会在2019年1月搬到卢旺达当一名教师，并会一直为"运动卢旺达"工作下去。

卡利向我解释说："我爱这个国家和这里的人民，他们对生活的热情令人动容。这里的孩子拥有的很少，但却是我有幸与之共事的最快乐、最有韧性的孩子。到卢旺达改变了我对生活的看法，而替慈善组织工作则超过了工作本身，因为我从工作伙伴那里得到了许许多多的快乐、肯定和鼓励。卢旺达以及这个慈善组织赋予了我人生的目标和意义，我对未来感到兴奋不已。"

卡利何以体现了正向思考的一个重要方面呢？"目标"这个词就是最好的答案。

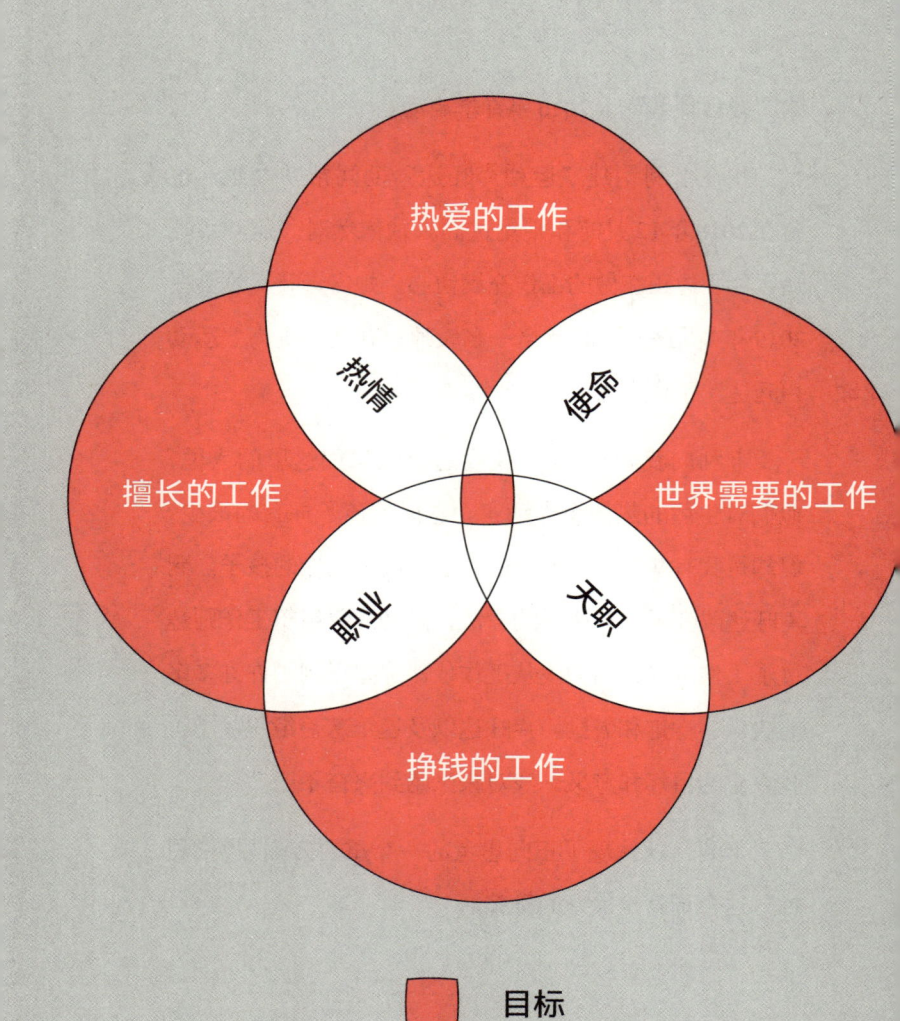

```
            热爱的工作

      热情        使命

擅长的工作            世界需要的工作

      职业        天职

            挣钱的工作
```

■ 目标

寻找人生的方向感

"目标"决定了你的方向感和基础的牢固性,这两者是积极人生观不可或缺的组成部分。方向感使你可以追逐理想,坚实的基础则使你更具韧性,更能从逆境中奋起。

有些人的目标是找一份满意而有意义的工作,有些人的目标是对家人或朋友负责,还有些人则从精神世界或宗教信仰中寻求目标。一些人的目标可能会清楚地体现在生活的方方面面。无论来自哪里、去向何处,目标总能指引人生抉择,影响行为,塑造理想,提供方向感和创造意义。

每个人的目标都是独一无二的,你的目标同样与众不同。事实上，你还可以根据自身的发展重点和丰富经验来转换或改变目标。

《国家地理》（*National Geographic*）研究员、《纽约时报》（*The New York Times*）畅销作者丹·比特纳对此有过极为精彩的表述。2009年，比特纳做了一次题为"如何活过100岁"的TED演讲，其中谈到了他对全球"蓝色地带"的研究。"蓝色地带"是指那些居民活得异常健康和长寿的地区。日本冲绳岛及其周边岛屿是世界上最长寿的健康人的"蓝色地带"。这里的居民通常能活到100岁以上，而且有自理能力，头脑清醒，还能参与到社区活动中去。他们在花园里忙碌，陪曾孙们玩耍，一般在睡梦中死去，且时间很快。他们的发病率要比世界其他地区低很多倍。

有趣的是，冲绳人并没有"退休"这个词。他们会说"ikigai"，意思为"激情"或"活下去的理由"。在研究中，比特纳通过问卷调查提了这样一个问题："你活下去的理由是什么？"几乎所有人都能立即做出回答。一名102岁的空手道大师说"活下去"才可以教武术；一名100岁的渔民说"活下去"就意味着每周有三天可以捕鱼回家；一名102岁的老妇人说"活下去"是为了陪伴她的曾曾孙女。这些都是他们"活下去的理由"——他们的"ikigai"，他们的目标。

正向思考会帮助你找到自己的目标。

确定目标对正向思考来说至关重要。你可以从回答下面四个简单而发人深省的问题开始：

你热爱什么？

答案：体现你的激情。

你擅长什么？

答案：体现你的使命。

你能得到什么报酬？

答案：体现你的职业。

世界需要什么？

答案：体现你的天赋。

如果能回答出这四个问题，那么你可能已经确立了当前的目标。

未来在指引我们

假如你现在正努力寻找方向和目标,不妨想象一番乘上时光机去往75岁那一年的场景,然后再问自己以下五个问题:

我希望因何以及如何被人铭记?

我希望能被谁铭记?

我希望别人谈论我的哪些成就和优点?

回首过去,我对我的人生满意吗?

按照现在的生活状态,我到75岁时能否让以上这些问题的答案成真?

这些问题的答案有助于你判断自己是否在按照正确的价值观生活,是否在追逐理想,是否在朝着既定的人生方向前进。重要的是,如果你对后两题的回答是"不",那么你就要考虑如何做出改变才能确保朝着正确的方向前进。这个方向会帮助你实现理想,让你在75岁回顾一生的时候感到幸福美满。同时,也要确保这些改变符合实际,并且自己能够做到。

现在,关键的一步来了。把这些答案写下来,6个月或一年后重新审视,看看你在追逐理想的路上是否取得了进展。如果你觉得正在偏离轨道,请想想75岁时的自己,更多地了解自己,了解自己真正想成为什么样的人,然后修正你的目标。所有这些都不是一蹴而就的,而是在日积月累中慢慢实现的。

好多人觉得思考人生目标这件事太过抽象或令人不

安。倘若没有精神上的追求，不相信更高层次的东西，思考人生目标这件事就会变得不切实际。还有一些人可能会感到痛苦，很难面对迄今为止的生活方式。不管你属于哪一种，别担心，因为有很多人都跟你一样。

但不要低估相信的益处，相信你正在做出的改变，相信你的人生拥有目标。这是正向思考的一个重要方面，也是你获得幸福的基础。卡利·斯宾塞的故事说明：找到目标后，她的人生变得丰富充实，卢旺达那些孩子们的人生也变得丰富充实。在我看来，卡利的故事彰显了正向思考的力量。

成长的心态

第三章　Chapter · 03

——心态

不要消极地看待坏消息，

而应将之作为

需要改变的证据来接受，

这样你就可以战胜它。

人们普遍认为，比尔·盖茨是有史以来世界上最成功的企业家之一。1975年，他和保罗·艾伦共同创立了微软公司，并使之成长为全球最有价值的公司之一。从最初的2名员工发展到现在的13.4万名员工，微软公司的办事处遍布世界各地。每天都有上千万人使用该公司的技术，它影响了我们很多人工作和消闲的方式。

比尔·盖茨的一大强项就是能够预测未来的工作和休闲环境。1999年，盖茨写了一本《未来时速》（*Business @ the Speed of Thought*），做出了15个大胆的预测。这些预测在当时听起来很不靠谱儿。

例如，他预测说："人们将随身携带小型设备，使他们能够随时保持联系，随地进行电子商务。他们可以在这些设备上浏览新闻，查看预订的航班，获取金融信息，等等。"

如今我们周围到处是智能手机、智能手表、智能音箱和虚拟语音助手。用户随时都能使用这些设备来获取信息。

他还预测说:"设备将具备智能广告功能。它们了解你的购买趋势,会根据你的喜好量身推送广告。"

事实如何呢?当你使用Facebook和Google时,推送的广告和内容都是针对你的兴趣定制的。

不过,盖茨确实也做过一些错误的预测!

据说,盖茨曾在1994年世界计算机博览会的一场交易活动上表示:"我认为互联网在未来十年几乎没有商业潜力。"盖茨在其1995年出版的《未来之路》(*The Road Ahead*)一书中写道,互联网这一新生事物最终会被更好的东西所取代。"现今的互联网并不是我想象中的信息高速公路,尽管你可以把它看作信息高速公路的起点。"

但是,就在这本书完成、出版和上市的几个月之后,盖茨意识到互联网终究会腾飞。他发表了《互联网浪潮》(*The Internet Tidal Wave*)这一著名备忘录,并调整微软公司的发展方向，将互联网定位为公司发展的一个根基。

所有这些都表明了他如此成功的一大主要特质——成长心态，而不是固定心态。他对新事物很着迷，热爱学习，因此才能做出很多正确的预测。此外，当预测错误时，他也能接受错误，改变观点，充分发挥错误的积极作用。

他在《未来时速》一书中写道："不要消极地看待坏消息，而应将之作为需要改变的证据来接受，这样你就可以战胜它。"

盖茨对坏消息的接受，体现出正向思考所需的一个基本要素——成长心态。这种心态是他成为一名成功企业家的重要原因。

是阻碍也是机遇

如果你对固定心态和成长心态有所研究，肯定听说过斯坦福大学心理学教授卡罗尔·德韦克的大名，她是该领域的顶尖心理学家之一。2007年，德韦克出版了《终身成长》（*Mindset: The New Psychology of Success*）一书，该书迄今已在全球销售超200万册。她在书中阐述了有固定心态的人和有成长心态的人之间的区别。德韦克认为，心态决定我们应对困难和挫折的方式，决定我们提升自我的意愿，如何看待自己的人格，以及激情和目标所在。

固定心态占主导的人，意味着他们相信自己的特质、智力和能力固有且不可改变。换句话说，这类人永远都不会比现在更好。这导致他们渴望在别人面前炫耀，倾向于回避挑战，防备心强且容易放弃。一个有固定心态的人会无视有用的负面反馈，把别人的成功当成对自己威胁，不能充分发挥自己的潜能。

然而，成长心态占主导的人看待事情的方式就截然不同了。他们会将自己的智力、本领、天赋和成功作为起点，认为还有成长的空间，相信存在无数的机会能够发展自己、提升自己。这种心态是建立在"可以通过投入时间和努力来培养个人原有品质"的信念上的。这类人相信自己可以变得更好、更聪明、更灵活。

成长心态让你热爱学习、拥抱挑战，面对挫折坚持到底，从批评中学习，从别人的成功中吸取经验或灵感。这将引导你去学习、研究，为了变得更聪明而努力拓展思维。

2015年，比尔·盖茨在自己的博客"盖茨笔记"上发表了一篇文章，表示德韦克的书对他影响很大。他在文章中这样写道："读这本书最大的好处就是，你会忍不住问自己类似'我一直在用固定心态思维看待哪些领域'的问题。"

  如果你想运用正向思考帮助自己成长和发展,那就需要审视生活中那些让你有固定心态的领域。因此,你需要知道在特定情况下自己会有什么样的心态,因为这将影响你的行为,并在很大程度上影响最终的结果。

固定心态

"我要么擅长,要么不擅长。"

"我的能力是不变的。"

"我要么能做,要么不行。"

"我不喜欢面对挑战。"

"我的潜能就只有这么多。"

"遇到挫折我就放弃。"

"我坚持自己的认知。"

成长心态

"我可以学着做任何我想做的事。"

"挑战帮助我成长。"

"我的努力和态度决定我的能力。"

"反馈是建设性的。"

"别人的成功启发了我。"

"我喜欢尝试新事物。"

"失败限制了我的能力。"

让视野更开阔

心态对行为的影响主要表现在以下四个方面。

追求目标

有固定心态的人可能更关注绩效目标,很容易通过是否达到目标来衡量自身的能力。对运动员来说,这个目标也许是在一定的时间内跑完10公里;对销售员来说,这个目标可能是在规定的时间里卖掉许多产品。达到既定目标表示自己的本事或能力获得了认可。可惜,反之亦然,如果达不到既定目标,就会觉得自己没有本事、缺乏能力。基本上,这运用的是一种"非黑即白"的思维模式——要么天资聪颖、本领过人,要么什么都不是。

而有成长心态的人更喜欢去设定学习目标。这意味着你首先关注的是获得某方面的能力，其次是掌握这种能力。它更多地涉及成长和学习，而不是成败或输赢。

应对失败

有固定心态的人遇到失败时会感到无助和绝望。如果绩效目标很低，他们就会变得焦虑，丧失自信和动力，甚至会觉得什么都无法改变。讽刺的是，当实现了目标后，他们依然会感到紧张和焦虑，因为一旦实现了目标，他们就会觉得有必要保持这个水平，以便坚定他们"天资聪颖、本领过人"的信念。

而在那些有成长心态的人看来，失败并不是什么大事。他们专注于从经验中学习，好让自己下次可以做得更好。为了提升自己，他们更愿意听取意见，尝试新方法。他们相信在体力或智力挑战中表现糟糕并不是因为缺乏奉献精神或者自己很笨，仅仅是今天不在状态而已。

付出努力

有固定心态的人在付出巨大努力后会觉得自己没有想象中那么有能力。他们认可这句话:"如果我不得不努力工作,那一定意味着我不够聪明。"

相反,有成长心态的人会把努力和成功联系起来。他们付出的努力越多,成功的可能性就越大。遭遇挫折的时候,他们倾向于坚持不懈,绝不放弃。他们明白成功很少会一蹴而就,它需要坚定决心和不断努力。

"老一套"或灵活变通

面对问题,有固定心态的人通常会坚持做同样的事情,重复同样的行为,直到放弃,而不是寻求替代方案去解决问题。

有成长心态的人则不会那么容易认输。他们把问题和挑战看作尝试新事物的机会,愿意去寻找不同的解决方案。因此,他们更有可能获得成功。

把目光放长远

回顾中风之后的那段时间，我发现在那两三年里，我一直在用固定心态做事。比如，语言矫治专家每周都会安排任务来帮助我恢复语言能力。如果不能立即完成任务，我就会选择放弃而不是坚持，可放弃过后又会感到绝望、焦虑，且压力重重。

但随着时间的推移，在很多人的帮助下，我开始关注那些生活中可以实现的目标——在我看来能够实现并且有动力实现的目标。不过，我也接受了这样的事实——我必须付出巨大的努力，才能实现这些目标。我写的第一本书《改变方向》(*Changing Course*)就是一个很好的例子。我一产生写这本书的想法，就有了动力。我知道我可能无法完成、无法出版，但那都不重要，我更关注的是我能走多远。这就是成长心态。

这里有一些技巧和建议可以帮助你培养成长心态。没错，它们有的容易有的困难，但值得你去尝试、坚持、练习，千万不要放弃！

接受自己的不完美

努力提升和发展那些你觉得困难的技能，不要因为你不擅长某件事而轻易放弃。

关注成长而不是进度

花点儿时间去探索和发展能够帮助自我提升的想法和技能，淡然面对困难和挫折。敷衍了事是不会有任何收获的。

把挑战或失败看作学习过程的一部分

每个人都会面临失败、挑战或磨难，如何应对它们是决定成败的关键。试着接受并把它们看作成长的机会吧。

重视过程而不是结果

享受做一件事的整个过程,而不要只关注结果。

经常设定新目标

完成一个目标后立即设定一个新目标。多多学习,永不自满。知道自己一直在朝着更好的方向努力,你就会有一种使命感。

如果你懂得正向思考,并开始采取本章中的一些建议,那就表明成长心态占主导地位。这会使你对自己的适应能力、改善能力,以及应对挑战的能力充满信心。

有了成长心态,你会发现自己的想法更加乐观。正如下一章将要谈论的,乐观是正向思考和积极行动的基石。

第四章 Chapter·04

乐观地相信

—— 乐观

如果你提出了一个

方法或想法,

并且相信它行之有效,

你就得对它保持乐观。

2018年11月26日，我观看了美国宇航局"洞察号"探测器成功登陆火星的电视直播。这次任务是为了帮助科学家探索和了解火星的地核、地幔和地壳。这些信息能让美国宇航局的科学家确定46亿年前太阳系诞生之初火星是怎样形成的。

2018年5月5日，搭载着"洞察号"航天器的火箭从加利福尼亚州发射升空。"洞察号"以每小时6200英里的速度飞离地球，花了六个多月，行程达3390万英里后到达火星。进入火星轨道后，航天器以每小时12300英里的速度冲入稀薄的火星大气层，然后减速到每小时5英里降落在火星地面。它打开了一顶降落伞，还发射了12个制动推进器用以着陆缓冲。航天器与周围的大气猛烈摩擦，温度飙升到1482℃，这时就依靠它的隔热罩来进行保护。美国宇航局将火星登陆任务的进入、降落和着陆阶段称为"恐怖七分钟"。

多年来，有上千名科学家和工程师在为这项任务忙碌。他们需要完成"洞察号"的设计、建造等前期准备工作，发射搭载"洞察号"的火箭，规划飞行路线、进入轨道和最终轨道，模拟着陆过程，实现"洞察号"着陆后的地面作业。

对科学家和工程师来说，探测器着陆火星非常棘手：迄今只有40%的着陆任务取得了成功。一些科学家和工程师已经为此工作了几十年，但仍无法保证高成功率。这项任务耗资无数，一旦失败会给美国宇航局造成巨大打击，而且在每个阶段都有很高的出错风险。例如，必须数次调整飞行路线以确保"洞察号"飞行速度和方向的正确性。如果有一名科学家算错了飞行路线，探测器就很可能偏离火星轨道。

可以肯定地说，只有具备特殊能力的人才能参与到"洞察号"的任务中去。他们需要对自己的能力充满信心，面对逆境百折不挠，并且思维要非常灵活。

但最重要的也许是乐观的心态。正如美国宇航局戈达德宇宙飞行中心太阳系探索部门主任安妮·金尼所言："如果你提出了一个方法或想法，并且相信它行之有效，你就得对它保持乐观。乐观是第一位的。"

仔细想想，这句话很有道理。美国宇航局的任何任务都充满挑战，失败、失望和挫折时常出现，需要工作人员保持乐观。保持乐观意味着这些人将以一种更积极、更灵活的方式进行思考，使他们坚信问题和挑战可以解决，从而愿意投入数周甚至数年的时间去解决难题。

这就是金尼所说的在美国宇航局乐观排名"第一位"的原因：工作人员必须相信，成功完成任务是他们的责任，而不是别人或外部因素的责任。

健康

乐天派

研究

积极　　　　　　　　乐观

可能

思考　　　　　　生活

人们　态度　想法

心理

让赋能更有力

在某种程度上，我相信大多数人都曾被问及一个众所周知的问题：如果把生活比作杯子，那你的杯子是半空还是半满？这个问题的答案会暴露出你的性格。认为杯子半空，那你很可能是一名悲观主义者；认为杯子半满，那你有可能是一名乐观主义者。

悲观主义者普遍抱有一种犹豫怀疑的态度，对结果有一种消极预期。他们做最坏的打算，高估风险，认为事情会出错。

相反，乐观主义者从赋能的立场处理问题。他们把克服逆境看作一种挑战，一种乐意去试着征服的挑战。乐观主义者认为失败是暂时的，是形势或环境下的产物。

现在有越来越多的证据表明，保持乐观、拒绝悲观，对一个人的身体和心理都有好处。

在处理生活中的困难时，乐观主义者不像悲观主义者那么痛苦，比如焦虑和抑郁的程度会轻很多。

乐观主义者不会回避问题，而是接受它们，积极重构（从最好的角度考虑），用灵巧的办法去处理。

乐观主义者不会否认现实。他们不把头埋在沙子里，而是勇敢地面对困难和挑战；而悲观主义者往往会试图让自己远离问题。

乐观主义者即使面临困境也不轻易放弃；悲观主义者则更容易预见灾难，并因此放弃。

乐观主义者的生活满意度更高，幸福感也更强烈，他们更有可能关心自己的身体和心理。

最重要的是，乐观主义者具备一种现实主义感。因此，虽然他们拥有敢于冒险的心态，但行动上仍会以产生积极的结果为导向。

乐观需要我们主动

长期以来,乐观主义或悲观主义被认为是人类与生俱来的习性,人们只能面对自己天生的习性而没有办法改变。然而,当代科学家却不这样认为。宾夕法尼亚大学心理学教授马丁·塞利格曼博士率先研究起了"习得性乐观"(learned optimism)。

塞利格曼认为,无论多么悲观的人都可以发挥习得性乐观的作用。为此,塞利格曼与斯坦福大学合作开发了一项测试,该测试包括48个问题,可以用来确定一个人的乐观水平。

下一步需要评估人们对消极境况的反应,因此塞利格曼提出了习得性乐观的"ABCDE"模型。"ABCDE"

分别代表了困境（Adversity）、观点（Belief）、后果（Consequence）、质疑（Disputation）和激励（Energization）。在很多情况下，使用塞利格曼模型能使人变得更乐观：

A：困境（Adversity）

思考你最近遇到的一个问题或困难。

B：观点（Belief）

思考时将你的想法和感受记录下来，尽可能如实记录，不要"编辑"你的感受。这一点非常重要。

C：后果（Consequence）

仔细思考你记录下来的想法所产生的后果和行为。分析这些想法是否能给你带来积极的行动，从而帮助你克服困难。

D：质疑（Disputation）

质疑并挑战你的观点。思考你记录下来的想法，从生活中寻找事例，证明这些观点是错误的。

E：激励（Energization）

结束对自己观点的挑战和质疑，体会一下当前的感受。你是否感到更有活力和动力？你是否觉得最初认为无法解决的问题实际上是可以解决的？你是否能更乐观地去挑战困难，改变自己一开始对问题的想法？

运用塞利格曼的"ABCDE"模型，那些原本就较为乐观的人可以更进一步改善他们的情绪健康，而那些原本较为悲观的人也可以从中受益，减少压力、焦虑或抑郁等症状出现的可能性。塞利格曼以及其他研究乐观主义和悲观主义的心理学家给出的证据表明，这一激发乐观情绪的方法简单而行之有效。然而，尽管它听上去很容易，但并不意味着你一下子就能学会如何保持乐观。

不过，也有一些心理学家认为，塞利格曼等人开发的习得性乐观训练项目并没有促使人们变得更乐观，而是引导人们减少悲观情绪。此外，他们还指出，乐观主义也有消极的一面，它可能会刺激人们忽视身体健康，从事危险活动，因为人们低估了事情的危险程度。这些说法也有一定的道理。

尽管如此，大多数研究者都支持"乐观情绪和整体健康之间存在积极联系"的观点。学习并练习乐观主义，不仅能提高你的幸福感，还能帮助你应对压力、自卑和焦虑。塞利格曼认为，它还能帮助你找到目标，发现生活的意义。这就是乐观主义在正向思考中起着重要作用的原因。如果你对生活感到悲观，那么就去学习乐观并付诸实践吧。

让我们回头再看看美国宇航局的科学家和工程师们。这些人之所以投入那么多精力去尝试解决极其复杂的科学及工程方面的挑战，也许就是因为这让他们的人生充满了意义。持久的乐观精神促使他们在面对一切挑战时保持积极向上的态度，而这正是正向思考的核心要素。

第五章 Chapter 05
与生俱来的力量
——天赋

优势是一种

能激励并促使你做出

最佳表现的个人特质。

我想向大家介绍一位当代最多产的发明家，一个你可能从未听过的名字——中松义郎，或者说中松博士（他喜欢别人这样称呼他）。他拥有3500多项发明专利。

这3500多项专利包括CD、DVD、传真机、出租车计价器、电子表、卡拉OK机、宽银幕电影镜头、弹簧鞋、电动靴子、隐形B罩杯文胸、水力发动机、世界上最小的空调、可以袭向攻击者的自卫假发、防止司机在开车时打瞌睡的枕头、自动版日本流行的游戏弹球盘、正确击球时会发出响声的音乐高尔夫球推杆、用热量和宇宙能量驱动的永动机等等！

在一次采访中，中松博士描述了他的"创造过程"，比如在听音乐和潜水的时候灵感奔涌，想出最好的主意，甚至还在水下把这些主意记录下来。中松博士说潜水时大脑缺氧对自己很有好处，使他在"死亡前0.5秒"想到了这些发明。他还说他的"平静空间"是一间无钉构造、铺满24K黄金的浴室。为了激发创造性思维，浴室屏蔽了电视信号和无线电波信号。

可中松博士和正向思考有什么关系呢？好吧，作为一名发明家，他非常有创造力，毕生都在致力于将创造力付诸行动。创造力是他的主要优势，让他得以形成自己的创造过程，从而帮助他发明更多的东西。因此，我们可以学习中松博士，更多地发挥优势，更积极地思考和行动。

优势是天赋吗

优势是一种能激励并促使个体做出最佳表现的个人特质,也可以说是一种内在资产。利用自己的优势,我们就能在具体的活动中表现得出类拔萃。优势是天生的,独一无二的、可以用来提高个人表现,发挥优势的感觉很棒。

在过去二十年里曾经兴起过用测评工具判断主要优势的热潮,其中最流行的两个测评工具可能就是盖洛普优势识别器(现在称为克利夫顿优势识别器)和优势行动价值问卷。

通过调查170万来自各行各业的人,如高管、销售人员、教师、医生、律师、学生、管理人员、体力劳动者、护士等，盖洛普具备了识别34项主要优势或者说"天赋主题"的能力，并在此基础上开发了评估工具"优势识别器"。该评估工具能够让使用者识别出自己的主要思维模式，即盖洛普所谓的"优势主题"。迄今为止，全球已有2000多万人使用过这些工具。

我给大家举几个关于天赋的例子：

共情

有的人进入正在开会的房间后很快就能注意到会议的气氛。如果会议进行得不顺利，他们能感受到空气中弥漫的紧张气氛。关键在于这类人在没人说话的情况下就能感受到这种紧张。

行动

有的人迫切希望大家都能做出决定。这类人拥有快速完成任务的天赋。

专注

还有的人因为议程的改变，以及会议上讨论的很多新主题而倍感压力。这类人的天赋就是一次只能专注于一件事。

天赋也被称为性格优势，优势行动价值问卷就列出了24种性格优势。这24种性格优势被分为智慧、勇气、仁慈、公正、节制和自我超越六个大类。通常来说，我们每个人都有一组独特鲜明、经常使用的性格优势。

无论是天生优势还是性格优势，当你在运用它们时，往往会感到身心鼓舞、振奋不已——它们让你更具活力，更能满足日常生活的需求。

不管做什么活动，正确运用优势都能让人进入一种"心流"状态。在这种状态下，你会忘记时间、忘记自我，会觉得正在做的事是一种内在的收获和享受，因为你正在最大限度地发挥自身优势。

发挥自身优势不仅能提高你的幸福感，而且能帮你提高工作表现,让你更加投入,更可能实现目标。有了这些令人信服的理由,你还不赶紧找到自己的优势,开始在家庭生活和工作中更多地运用它们?经常运用自身优势可谓好处多多。

增强抗逆力

经常运用自身优势,有助于更好地从逆境中振作起来。

增加自信

运用自身优势越多,自尊和自信提升得越快。

减少压力

随着时间的推移,运用自身优势能有效减少压力。

增加活力

越是运用自身优势,越能增加正向能量。

实现目标

运用自身优势的人,更有可能实现目标。

提升幸福感

运用自身优势,可以更快乐、更幸福。

那么问题来了,你要如何发现自己的优势呢?

和天赋打交道

许多工具、书籍和在线评估方法都能帮你发现自己的优势。我认为优势行动价值问卷和盖洛普优势识别器这两个在线工具非常有用。至于书籍,我推荐萨利·比布的《优势之书》(*The Strengths Book*)及汤姆·雷斯与盖洛普合著的《优势识别器2.0》(*Strengths Finder2.0*)。后者介绍了优势识别器工具及其历史,并详细描述了34项个体优势。这两本书都很精彩。

此外,为了帮助你充分利用这些工具和书籍,我建议你至少和了解这些工具的指导老师进行一次讨论。他们可以帮助你更好地了解自己的优势,最大限度地利用这些优势改变生活。

如果你觉得这么做有点儿正式，或者你不喜欢做这种评估，还可以使用一种简单的方法来发现自身优势——问问亲近的家人、朋友，你在他们眼中有什么优势。

这里我是指在他们眼中你有什么天生的优势。不要问他们你在知识和技能方面的优势，而要问与生俱来的优势。例如：

你的应变能力很强，可以同时转很多盘子；

你很擅长沟通，无论是面对一个人还是一群人；

你做事驱动性很强；

你能充分挖掘别人的潜力；

你不喜欢冲突，于是设法让别人和平相处；

你热爱创造与发明；

你具有学习和探索新事物的热情。

只要仔细想想,你就会发现你早就知道自己擅长什么。因此,在听取家人与朋友意见的同时,也要问问自己,就目前的工作、角色或爱好而言,哪些方面让你有兴趣。你能从别人那里得到最多积极反馈的是哪些领域?你认为做起来感觉最舒服的是哪些工作?这些可能就是你正在发挥自身优势的领域。

一直和我们同在

中风之后，我的认知能力在很多方面都受到了严重损害。但很快我就发现，我的天生优势几乎没有改变。我依然有很多想法，并且热衷于将它们付诸实践；我依然可以很快地把握房间里的气氛；我依然知道如何把想法和人联系起来并取得想要的结果。

然而，我的缺陷也比中风前明显多了。周计划的安排极富挑战性；专注于做一件事，即使在很短的时间内也成了一件难事；情景规划更是完全不可能。

在突发中风的三年前，我做过一次优势识别评估。为了看看我的优势是否还在，它们是否有所改变，我在中风后的几年里又做了一次评估。你知道吗，结果居然一模一样！我的优势和中风前相比没有任何改变。

所以，我应该比以往更加专注于开发和运用自身优势，这样我才能取得更大的成就，而不仅仅是克服我的缺陷。今天我还在这么做，结果也仍然一样：每当运用自身优势时，我都感觉自己更具韧性、更有自信，也更容易实现目标，一切都变得更加自然和令人愉悦！更重要的是，这使我开始积极思考自己设定的目标和面临的挑战。

发现并运用自身优势，设定现实可行的目标来克服生活中的挑战，这有助于培养更加积极的思考方式。

第六章 主动地选择

Chapter·06

——选择

我要对我

做过的事和对待生活的

态度负责。

1996年8月1日，迈克尔·约翰逊在亚特兰大奥运会上以19.32秒的成绩刷新了200米短跑的世界纪录。1997年，约翰逊开始出现在耐克的电视广告中，并被誉为"世界上跑得最快的人"。在此后的12年里，约翰逊始终保持着他的世界纪录，直到2008年尤塞恩·博尔特在北京奥运会上以19.28秒的成绩创造了新的世界纪录。

时间快进到2018年，50岁的约翰逊患了中风。起初，他无法行走，无法移动左腿。医生告诉他，要想恢复的话最好立即进行物理治疗。于是在中风两天后，约翰逊下了床，在一名理疗师的帮助下缓慢地绕着病房走了一圈——那天他走了大约200米，用了大约15分钟。

3个月后，在一次采访中他谈到了用15分钟走完22年前仅需19.32秒跑完的距离的可笑之处。他说："身为世界上曾经跑得最快的人，这样的成绩通常会让我感到崩溃和没有希望，但实际上我备受鼓舞。每走一步，我都感觉自己正在重新学习。在之后的几周里，我又回到了参加奥运会时的心态，每天集中精力将训练做到最好，也让自己变得越来越好。"

这个故事非常励志。我相信许多人都会钦佩约翰逊的态度和决心，正是这种态度和决心帮助他最终完全康复。不过，让我印象深刻的还有一件事。在被告知中风的那一刻，以及此后的几天里，约翰逊知道他必须做出选择。

他可以为自己感到难过，纠结于未来的不确定性；他也可以接受中风的现实，选择集中精力恢复健康，而不是担心未来的不确定性。"奥运心态"（约翰逊原话）使他从积极的一面去思考如何最大限度地恢复健康，尽管他不知道最后到底会恢复成什么样子。

但他没有拖延，也没有对医生所说的严重性置若罔闻。通过正向思考，他接受了现实，听取了专家的意见，尽可能快地做出了下床走动的选择，不管那是多么让人沮丧或害怕。

为选择负责任

正向思考就是每天做出选择并付诸行动，即使你并不知道结果。你着眼于事实，有需要时就听取意见，然后在此基础上做选择。这就是正向思考。有些选择做起来很难，有些则较为容易。关键在于不要拖延，也不要害怕做出困难的选择——正向看待具有挑战性的选择会帮助你渡过难关。

辛迪·科洛瑟出版过一本书——《接住！鱼贩的致富经》(*Catch!A Fishmonger's Guide to Greatness*)，取材于西雅图著名鱼市场派克鱼市的鱼贩生涯。鱼市看起来充满活力，但鱼贩们赖以生存的信念才使它真正与众不同。简单来说，他们迫切渴望给自己、访客、同事和竞争对手的生活带来积极的变化。这种哲学影响着他们的行为方式。

派克鱼市流行这样一句口头语："全都在这儿了。"这句话对鱼贩们来说，代表"我要对我做过的事和对待生活的态度负责"。这句有力的宣言其实就是在说选择。认识并接受一切所想所为都是选择的结果，是非常强大和积极的力量。一切都是你的选择，不是别人的选择。这不仅意味着你能更好地应对困难，也意味着你能通过选择来采取积极的行动。只要接受这一点，愿意做出选择——无论这些选择是多么困难和痛苦——那你就是在用正确、有益的方式进行正向思考。

"够好"的选择

但刚才提到的内容也存在一个很大的问题——越来越多的证据表明,选择过多会产生消极影响。斯沃斯莫尔学院社会理论与社会行为教授、全球著名的选择心理学专家巴里·施瓦茨曾做过一场精彩的TED演讲,演讲题目为"选择的悖论"。他在演讲中指出,有所选择是好事,但这并不意味着选择越多越好。施瓦茨称之为"选择的暴政"。

在过去二三十年,我们被淹没在选择里。走进超市,看看你有多少选择——各种牌子的咖啡,种类繁多的早餐麦片,几乎占据了一半货架的面包!打开电视,看看有多少频道供你选择。我们的生活中充斥着选择,但大多数人却认为这是理所当然的,因为选择象征着自由,有助于个体的表达。

然而,正如施瓦茨所指出的那样,选择过多可能会给我们带来各种麻烦。为了做出选择,人们必须处理大量信息,设法做到最好。我最近开始买新车的事就是一个很好的例子。这件事听起来似乎很有趣,结果却不尽然。汽车型号多得令我吃惊,光是逛展厅就花了我很多时间。最后,我决定买一辆我认为能满足自身需要的汽车。这时,汽车销售员上场了!我至少和他讨论了好几个小时有关性能、柴油还是汽油、手动还是自动、颜色、内饰、车轮等方面的选择。接着,他开始介绍我能选择的金融工具和保险范围。整个过程让我筋疲力尽。当我终于离开展厅时,好心情也不翼而飞了。我的脑海里盘旋着这些问题:是否选错了车轮,应不应该买一辆带天窗的车或者付更多的定金。我既紧张又疲惫不堪!

你瞧,虽然大多数选项都无关紧要,但我仍得做出选择。做选择就得处理信息。随着信息数量和信息复杂性的增加，人们做出"错误"选择或者犯错的可能性也会大大增加。因此，选择过多会让人发愁，倍感压力，产生消极和焦虑情绪。此外，大量的广告也在通过各种平台和媒体进行持续"轰炸"——我们几乎无力反抗。每天面对这么多新的选择，给我们带来了压力和焦虑。

如果躲不开上面所说的这些，我们该怎么办呢？好吧，暂时也没什么办法，但可以尝试降低期望。别期望太多，就不会失望太大。这听起来可能有点儿老套，但却是缓解压力的一个好办法。尝试接受那些"够好"的选择，尤其是在琐碎的生活小事上。一旦做出了选择，就别再想东想西了！确保自己做出选择后坚持到底，而不是一有更好的事发生就立刻改变主意。这样去正向思考，既能缓解压力，也有助于欣赏已经做出的选择。

如此，我们就可以现身说法，向大家展示正向思考最重要的效果之一——懂得感恩。

第七章 Chapter·07
懂得感恩
—— 感恩

想要快乐？

心存感恩。

橄榄球联队英国爱尔兰狮子从英格兰、苏格兰、威尔士和爱尔兰挑选合格的球员。这支球队每隔四年会与澳大利亚、新西兰和南非的球队轮流比赛。对于职业橄榄球运动员来说，被选入狮队巡回比赛是一种巨大的荣誉。

我认识几名为狮队效过力的橄榄球运动员。每当他们谈论起自己的经历和成为狮队一员对他们的意义时，我都充满敬畏。在英国及爱尔兰的橄榄球俱乐部里，大伙儿把这些球员视为英雄和传奇。因此，前英国爱尔兰狮队球员加雷斯·托马斯某周六晚上在加的夫遭遇袭击的事让我倍感震惊。托马斯的职业生涯十分辉煌，为威尔士队出场比赛100多次，为狮队出场比赛3次，在两队都曾担任过队长。2009年，托马斯公开了自己的同性恋身份。他是英国橄榄球界第一个公开同性恋身份的职业运动员。当了解到他遭遇的是"恐同袭击"时，我特别震惊。

橄榄球界和公众都非常支持托马斯。托马斯遭袭后的周末,象征女同性恋、男同性恋、双性恋和跨性别者(LGBT)身份的彩虹标志高调涌现。威尔士队、法国队、美国队和新西兰全黑队队员的球鞋上都系了彩虹色鞋带。美国队发文说:"橄榄球属于所有人。我们和你站在一起。"法国队发文说:"在这件事上我们都支持你。"全黑队发文说:"全黑队的球员将在明天对阵意大利的比赛中系上彩虹鞋带来支持前威尔士队队长加雷斯·托马斯。"

人们纷纷表达对托马斯的支持,强烈谴责"恐同者"。托马斯既感动又谦逊,那个周末他发文说:"没有语言能表达我的感激之情。"托马斯的这句话正体现了正向思考的一个重要要素——懂得感恩。

尽管托马斯在遭遇袭击后经历了巨大的打击和痛苦,但正是多方支持帮助他以一种积极的方式振作起来。表达并公开承认感激之情,使他得以从正面看待这次袭击。在被舆论攻击后,又遭受了袭击,托马斯势必会被负面情绪干扰,但一看到那么多人支持他,心里就充满了感激。这对正向思考来说是相当重要的。

生活中的满意度

越来越多的证据表明，表达感恩和收获感恩能让人更坚定、更热情、更乐观、更有活力。加州大学伯克利分校心理学教授罗伯特·埃蒙斯是全球研究感恩的权威专家。埃蒙斯及其同事通过研究发现，感恩可以带来幸福感；感恩能增强免疫系统、降低血压、改善睡眠，对健康有着积极的影响；感恩可以减少焦虑和抑郁，强化"生活有意义可掌控"的信念；感恩有助于从积极的一面重塑经验，并且能强劲持久地对此产生影响。

感恩关系到人们对生活的满意度。感恩越多，快乐也会越多。那些拥有感恩之心的人更容易获得快乐。本笃会修道士大卫·斯坦尔德-拉斯特在其浏览量超过680万次的TED演讲《想要快乐？心存感恩》中指出，快乐不会让我们感恩，但感恩会让我们快乐。他说，有些人似乎拥有一切——钱、大房子、度假屋、高级汽车，但他们仍然不快乐，因为总是想要更多。相反，有些人尽管生活过得十分艰难，但看起来非常快乐和满足。从某种程度上来说，这是因为他们懂得感恩。

斯坦尔德-拉斯特认为，当你收到一份真正的礼物，一份不是买的、不是挣的、不是为之奋斗的珍贵礼物时，自然的反应就是表达感恩。

对橄榄球运动员托马斯来说，公众的支持就是他收到的一份真正的礼物——他没有请求他们支持，也没有要求他们支持，大家是自觉自愿的。因此，他用"没有语言能表达我的感激之情"抒发了纯粹的感恩。

为感恩的心写封信

既然感恩有这么多好处,我建议你经常按照以下三种经过科学验证的方法来培养感恩之心。

每天写下三件进展顺利的事情并找出原因,至少持续一周。

实实在在列出清单很重要,无论是在纸上还是在电脑上。可以是一件小事,比如意外收到一封令人愉悦的邮件;也可以是比较重要的事,比如找到了新工作。这个练习有助于你建立更积极的人生观,重新训练大脑以更多地关注生活中发生的好事,把失望等消极情绪抛到一边。

给那些你非常感激的人写一封信或一张卡片（不是电子邮件），可以是同事、朋友、家人或陌生人。

写信或卡片时，想想这个人做了什么事，对你有什么影响，以及你为什么心存感恩。写信有助于向你从来没有好好感谢过的人郑重其事地表达感激，这是对别人重视你、帮助你的一种肯定。

每周有一次抽出时间想想生活中具有重大意义的好事，可以是上周甚至是五年前的事。

首先要关注这件事发生的环境；其次要思考一下哪些因素可能会阻碍这件事的发生。写下那些可能导致相反结果的决定和事件，设想一下如果这件事没有发生，你现在的生活会变成什么样？最后，把你的思考拉回现实：这件事确实发生了，并且给你带来了好处。要知道这些好处并不是一定会出现在你的生活中，要对事情如今的发展心存感恩。

这三种方法有助于你对生命中已经拥有的一切心存感恩。只要想想可能会失去的生活，你就会感恩自己的现在。

对感恩的研究还表明，拥有感恩之心的人不易嫉妒、焦虑、拜金、抑郁和孤独。懂得感恩是影响生活满意度的最重要的事情之一，也是正向思考的核心要素。学会感恩、实践感恩会让你受益匪浅。

我在前言中提到过，过去七十五年里正向思考存在着盲目忽略消极想法的问题。但正如你将在接下来的三章中所看到的，以积极的态度迎接负面事件、失败和挑战，有助于你应对并战胜它们。

第八章 Chapter 08

应对困难

—— 消极

正向思考

让你以更积极、

更有效的方式处理问题。

2016年，布鲁斯·斯普林斯汀出版了自传《为跑而生》(*Born to Run*)。我很喜欢他，收藏了五张他的黑胶唱片，手机里还有他四张专辑和一场现场演出的视频。但在读到他的自传之前，我只对他的音乐有所了解，对他本人则一无所知。那时，他在舞台上的表现一直让我认为他是一位快乐、知足和成功的音乐家。但事实上，我只判断对了一点——他是非常成功的音乐家。另外两点则与事实相去甚远。

斯普林斯汀在自传里讲到，孩童时期的他是一个"没有安全感、古怪又瘦弱的白人男孩"，因为神经性痉挛而被人取笑，在学校里老是受欺负。这一切与他肌肉发达的舞台形象和强劲有力的音乐表演似乎差了十万八千里。

但最令人惊讶的还是他遭遇的心理健康危机。斯普林斯汀透露，成年后他患上了严重的抑郁症，不得不服用抗抑郁药。他对《星期日泰晤士报》的记者尼克·拉福德说:"抑郁会偷走你的生活。你每做一件事,它就从你的心底偷走一点儿,你无法反抗。因此,精神心理学对我和我父亲来说都非常非常有用。"

心理疾病从斯普林斯汀的心底夺走了他的生活,这给我留下了深刻的印象。在面临焦虑和反复发作的抑郁症时,他感觉生命正从指缝间溜走。正如斯普林斯汀在书中特别强调的那样,他在生活中确实遇到过好事,但也经历过极其艰难的时刻,抑郁的情绪击倒了他。然而,他并没有试图否认患上抑郁症,或者忽略所有正在吞噬着他的消极想法,而是直面抑郁并寻求帮助。

这正是我在本书中所倡导的"正向思考"类型,斯普林斯汀为我们做出了完美的示范。

再坚持一下

从正面的角度看待负面的事情,这似乎有点儿"自相矛盾",但却能帮你战胜困境和挑战。通过正向思考,你不会假装困难不存在,而会着手考虑如何应对,制订实现目标的策略及行动计划。正向思考不是让你把头埋在沙子里,装作看不到生活里的不愉快,而是让你以更积极、更有效的方式来处理问题。

当我们面对一件事或一种情况时,通常会先进行自我对话。自我对话就是脑海中那些源源不断、未说出口的想法。这些无意识的想法可能是积极的,也可能是消极的。有些自我对话源于逻辑和理性,有些自我对话源于错误和感性。如果你的脑海里充斥着消极想法,你的人生观也很可能偏向悲观。

常见的消极自我对话包括：

放大事情的消极面，漠视事情的积极面。

例如，今天工作很愉快，提前完成了任务，还因为干得又快又好而受到领导的表扬。但和同事聊得不太愉快，结果回家后整晚都在想这件事。

发生不好的事情时，会下意识地责备自己。

例如，听说朋友们取消了晚上的聚会，就会觉得他们改变计划是不想和自己待在一起。

总想着会发生最坏的事情。

例如，老板突然发邮件叫自己下班的时候去见他，于是就觉得自己有麻烦了。

没有中间立场,看事情只有好坏之分。

如果你有这些行为,这里有一些简单有效的方法可以帮助你从积极和建设性的角度来解决问题:

识别消极想法。

无意识的想法很多,它们会在意识不到的时候突然涌现出来。所以要留意自己的想法,并对它们进行评估,以便识别出那些不切实际、没有价值或者不合理的想法。

寻找证据证明自己的想法是对的。

"觉得"不一定代表"正确"。事实上,人们的大部分想法可能带有偏向性而不是事实,所以要问问自己:"有没有证据可以证明这个想法是正确的?"列一份清单,把支持自己想法的证据记下来。

寻找证据证明自己的想法是错误的。

再列一份清单,把证明自己想法不正确的理由记下来。假使很难找到反面证据——这在情绪激动时很常见——问问自己:"我会对有这种问题的朋友怎么说?"要像安慰别人一样安慰自己。

重塑想法使之变得更符合实际。

列出两份证据清单后,再看看哪些想法更符合实际。这种简单有效的方法,可以让人在处理问题时尽量避免错觉和误解的影响。

但我也不得不承认,管理和应对负面情绪很难,一个人可能做不到。假如你正遭受压力、焦虑、抑郁等疾病的折磨,最好和你的医生、治疗师、咨询师或精神顾问商量之后再采取行动。

抗争过的征程

我曾面临一些心理健康方面的挑战，亲身体会到积极主动寻求帮助对控制焦虑——这种焦虑有时会使我身心疲弱——有多么重要。我想分享这段经历，希望对大家有所帮助。

在人生大部分的时间里，我都饱受焦虑症之苦。这种焦虑有时较为轻微，有时则十分严重。在二三十岁时，我基本上选择忽略或自己控制这种焦虑。中风后的许多年里，焦虑愈发使我衰弱。我定期去看医生，因为担心各种不同的健康问题——它们有些符合常理，有些则不然。这就是焦虑症在我身上的表现方式——它会抓住在我脑海中不停打转的健康隐忧不放，直到我去看医生。看医生在短期内起到了作用，但只要一看到有关健康问题的报纸文章或电视节目，我就又会胡思乱想，觉得自己得了报纸或电视上提到的疾病。

在外界的帮助下，我意识到自己正遭受健康焦虑症的折磨。了解到这一点，我就能找到应对和控制的办法。就在这时，我决定积极主动地接受健康焦虑症，并采取相应的策略与之共存。从我以为我要精神崩溃了，到获得至今仍在帮助我的有效策略，我花了大约8个月的时间。我知道健康焦虑症发作的原因，也知道有一天它可能还会复发，但我接受这一点，也有能力在它真的复发时处理好。

我分享这段亲身经历的用意，是想大力倡导一种不同的正向思考。患上中风和健康焦虑症后，我发现确实存在情绪的影响。对我和我身边的人来说，这种影响很难应对且极富挑战性。但是，通过从正面思考并制订相应的策略，我终于明白了"塞翁失马焉知非福"和"有志者事竟成"的道理。

所以，如果你也面临着和我类似的情况，记住要鼓励自己从正面的角度看待负面的事情。

第九章 失败是成功之母

Chapter 09

——失败

我并没有失败。

我只是成功地发现了

一万种行不通的方案。

我们来谈谈失败。

一本讲正向思考的书似乎不太适合谈论失败,然而,从正面看待失败可以从根本上改变接受失败和应对失败的方式。要论失败,没有谁比我们这个时代最具创新精神的思想家之一的史蒂夫·乔布斯更有体会了。

乔布斯是大胆创新的科技企业家典范,他从未停止对创新和完美设计的热爱和追求。在担任首席执行官期间,乔布斯把苹果公司发展成了世界上最有价值和最受欢迎的公司之一,同时还推出了一系列令人惊叹的产品,如苹果麦金塔电脑、苹果手机等。但在带领苹果公司取得巨大成功之前,乔布斯也遭遇了几次重大失败。

20世纪80年代初,董事会给乔布斯施加压力,要求他开发一款类似苹果一代电脑和苹果二代电脑的突破性产品。1980年,苹果三代电脑上市。相比前两代,这款电脑完全不受人待见:价格高达4340美元,并且容易出现大面积发热的情况。

1983年,乔布斯又推出了一款名为丽萨的商务电脑,他一心想将这款电脑推向个人用户而不仅仅是商务用户。但丽萨和苹果三代电脑一样,也遭遇了失败。1984年,苹果公司推出了麦金塔电脑。这款电脑最初因漂亮的图形界面受到媒体的追捧,但因其性能太弱且不实用,销售和盈利的情况并不理想。

这一连串的失败给乔布斯带来了很大的麻烦。1985年,董事会将他踢出了这个由他在1976年与他人共同创立的公司。乔布斯难以置信,他一直努力要将苹果公司打造为知名品牌,结果却被赶了出去。2005年,乔布斯承认说:"这是毁灭性的打击,我失去了一直为之奋斗的生活重心。"

1986年,乔布斯投资了美国的一家电脑动画电影公司皮克斯动画工作室。1995年,皮克斯与迪士尼合作,制作了该公司的首部动画电影《玩具总动员》,在票房上取得了巨大的成功。此时恰逢皮克斯首次公开募股，拥有该公司80%股份的乔布斯一夜之间成了亿万富翁。

20世纪90年代，苹果公司陷入困境，乔布斯回归担任首席执行官。他凭借一些极具创意的产品扭转了苹果公司的命运，比如性能超级强大、重新定义了个人电脑的苹果麦金塔，彻底颠覆了音乐产业的音乐播放器，以及在智能手机进化中发挥重要作用的苹果手机。

乔布斯是一名大学辍学生。2005年，他在斯坦福大学毕业典礼上发表演讲时分享了人生中三个重要的故事，其中一个故事讲到了失败及其对成功的重要性。

"我当时没有意识到，但事实证明，被苹果公司解雇是我一生中遇到的最好的事情。重新起步的轻松取代了维持成功的重担，让我对任何事情都不再特别看重。我感觉如此自由，从而进入了一生中最富有创造力的阶段。"

这个教训似乎相当简单。即使是我们这个时代的商业领袖和杰出人物，也会经历挫折和失败。乔布斯被解雇，遭遇职业生涯的"滑铁卢"，自信心备受打击，但他还是接受了失败，看到了失败带来的好处，最重要的是从中吸取教训，从而取得了巨大的成功。

▲ 第一部分 ※ **困境后的重生**

有什么大不了

这就是失败和正向思考息息相关的原因。"失败"这个词经常与恐惧、焦虑等负面信息联系在一起，这是一件憾事，因为失败本身具有无穷的潜力可以帮助我们成长。正是通过失败和犯错，我们才能发现新奇有创意的想法。例如，发明灯泡的托马斯·爱迪生就曾说："我并没有失败，我只是成功地发现了一万种行不通的方案。"这很好地说明了失败的力量，以及如何从正面来看待失败。

失败会促使你寻找更有创造性的解决方案。接受失败有助于培养韧性，这一点很重要，因为成功不会一蹴而就。失败让人非常痛苦，你的骄傲和自信通常会遭受沉重打击。因此，你需要自信和勇气才能在失败后重新振作，而促使你继续前进、继续尝试的正是韧性。通常韧性能让你脚踏实地，让你意识到成功不会一蹴而就，需要不断地奋斗和努力才会成功。

承认失败并不代表自己无能，而是对所经历过程的一种反思。这样一来，如果事情没有按计划进行，你就能更快地振作起来，尝试着换个方法去做事。你从失败中获得的经验和知识会在未来发挥作用，促使你取得长远的成功。

失败还有助于一个人的成长和成熟。它能考验你想要实现的目标和信念，促使你反思和正确地看待事物，从所经历的痛苦处境中发现意义。只要找到原因，失败就是一位出色的老师，提醒你不要再犯同样的错误。

最后，失败也能教会你珍惜成功。经历过失败，当成功来临时你就不会认为它是理所当然的。回想那些事事不顺的"黑暗"日子，你会觉得成功是你用辛苦努力换来的。再没有什么比失败过后的成功更让人感觉良好了！

更强大的智慧

从正面看待失败的还有《哈利·波特》（*Harry Potter*）系列的作者J.K.罗琳。罗琳是我们这个时代最励志的成功人物之一。很多人可能只知道她是《哈利·波特》的作者，而不知道她在获得世界性的声誉和成功之前经历了多年的失败和挣扎。

早在1990年，罗琳就有了创作《哈利·波特》的想法。她经常说，她是有一天在从曼彻斯特开往伦敦的火车上想到这个主意的。她开始疯狂地写作。1993年，她的婚姻以离婚告终，于是她搬到了爱丁堡，以便离姐姐家更近一些。当时她的行李箱里就装着三章《哈利·波特》的草稿。

此时的罗琳认为自己是个失败者。她离了婚,没有工作,身无分文,还有一个孩子要抚养。她患上了抑郁症,最后不得不申请政府救济。那段时间她过得很艰难,但她克服了逆境,在爱丁堡的咖啡馆里继续写作。

1995年,她把第一部《哈利·波特》手稿寄给了12家主要的出版商,然而他们统统拒绝了。但她仍然相信会有出版商愿意接受这本书。后来真的有一家出版商接受了,布卢姆斯伯里出版社决定出版这本书,并付给她1500英镑的预付款。1997年,第一部《哈利·波特》出版,印数只有1000册,其中有500册还被分发给了图书馆。在经历了所有这些失败后,罗琳取得了巨大的成功。这本书在1997年和1998年获得了雀巢聪明豆儿童图书奖和大英图书奖年度儿童图书奖。到目前为止,《哈利·波特》系列图书已经售出4亿多本。作为英国最成功的女性作家,罗琳得到了全世界的认可。

2008年,罗琳受邀在哈佛大学的毕业典礼上发表演讲。演讲十分精彩,大部分都与她的失败经历有关:

"从挫折中获得的学问更智慧、更强大,永远会是你的生存保障。除非经过逆境的考验,否则你永远不会真正了解自己,也不会真正了解身边的人。尽管这种学问是用痛苦换来的,但却是一份真正的礼物,它比我获得的任何资格证书都更有价值。"

所以,向世界上最成功的作家学习吧。接受失败,好好想想挫折和挑战带来的益处。无论成功最后以什么形式出现,你都会变得更聪明、更坚强、更懂得感恩、更有韧性。

你可能会想,这些听起来很有道理,但怎样才能让自己更有韧性呢?我要向你介绍一位我所见过的最杰出、最勇敢的年轻女性,她会告诉你应该怎么做。

第十章 生命的韧性

Chapter 10

—— 抗逆力

教会你接受挑战的

是正向思考,

决定你能否渡过难关的

则是韧性。

我想向你介绍贝卡，一位没有心的女孩。她的父亲迈克尔和我是同学，这些年来我们一直保持着联系。

澄清一下，我并不是说贝卡没有同情心、爱和善心，事实上完全相反。但贝卡真的没有心脏！在23岁那年，她被诊断出患有一种罕见的心癌。医生设法用化疗和放疗治癌，但都无济于事，唯一能救贝卡的方法就是摘除她的心脏。他们也这么做了。

贝卡没有接受心脏移植，而是安装了全人工心脏。这个植入她体内的心脏系统由外部机械驱动，通过导管连接控制，从而维持生命。她把所有这些设备都装在包里背在背上，这使她在等待合适的心源期间得以存活。即便如此，贝卡仍然对生活充满希望。

这一切都无比神奇。我惊叹贝卡勇敢的心态和人生观，钦佩医生挽救病人生命的高超手段。每次看到她在社交媒体上分享自己坐在餐厅里或是在花园里和狗玩耍的图片时，我都会再一次感到震撼：她竟然没有心脏！你瞧，我一直以为人没有心脏是不可能活下来的。

贝卡患上癌症后，会定期在社交媒体上更新她的病情进展。在她病危住进重症监护室期间，她的父母替她进行病情更新，让许多亲朋好友得以了解贝卡的情况。接着，她做了心脏摘除手术，几个月后恢复得很好，便又开始自己更新社交媒体，我也由此得以见证她的所有生活。她已经成了很多人的榜样。

经历过这一切的贝卡表现出强大的抗逆力，每次都能从挫折中奋起。生命的韧性教会了她积极向上。别误会，从社交媒体上发布的内容看，贝卡当然也有失望、沮丧、愤怒或伤心的时候，但她每次都能重新振作起来。

如果有哪句话可以概括贝卡的坚强程度，那一定是她在社交媒体上分享的这条更新：

病情正在好转！

今天拿到了我的断层扫描报告，正式和癌症说拜拜。6个月内会再进行一次扫描。我的心脏没了，但癌症也滚蛋了。

6个月后，贝卡在社交媒体上宣布，医生说她的病情正在好转。

第十章 ※ **生命的韧性**

——抗逆力

韧性给予的幸福感

每个人在生活里都会面临困难并且遭遇逆境。问题在于,为什么有些人,就像我之前提到的贝卡,能战胜逆境成就自我,而有些人则稍有挫折就选择放弃且不再愿意继续尝试。

我认为,真正能教会你接受挑战的是正向思考,但决定你能否渡过难关的则是自身的韧性。韧性能提升生活的意义——这就是正向思考的关键——从而增强人生活中的幸福感。韧性能使你以积极的思维方式应对接踵而来的压力,这与健康长寿、较低的抑郁率和较高的生活满意度密切相关,同时,韧性还能让你更具掌控力。

同样，缺乏韧性则可能意味着你无法很好地应对困难处境下的压力。生活或者工作中长期不断加大的精神压力会损害我们的健康，也会引起高血压、免疫系统减弱、焦虑、抑郁、失眠、胃灼热、消化不良、心脏病等身心健康问题。

越来越多的研究表明，抗逆力是可以通过练习得到的。例如在2008年，持续的军事冲突使得美国陆军越来越担忧多次被派往前线的任务会对士兵的精神层面产生影响。因此，美国陆军决定主动出击，想办法在士兵遭遇精神或心理创伤之前先行提高他们的抗逆力，而不是将全部注意力都集中在如何应对创伤后应激障碍症等"战争病"的治疗上。基于这样的原因，军人综合健康计划就诞生了。这项计划教给士兵必需的生活技能，以便他们能更好地应对逆境中可能遇到的各种情况，也可以更坚强地走出战争带来的创伤。

总体上来说，这项计划的目的是在增强士兵的抗逆力。在计划推出后，军队收到了四份相关的科学报告。

这些报告显示，随着时间的推移，在任务前接受培训的士兵比未接受培训直接执行任务的士兵抗逆水平更强，心理也更健康。报告还表明，接受过抗逆力训练的士兵在任务完成后患有焦虑、抑郁和创伤后应激障碍症的比例比其他人更低。

但这并不代表着你需要为此去参军才能得到训练，一些基础且简单的方法就能帮助你增强抗逆力！我稍后会在书中提到这些方法，现在我要先说说表现出韧性的人的特点。

表现出韧性的人：

倾向于认为困境、难事、挫折都是可控的；

更具活力和动力；

能更好地处理日常琐事和重大挑战；

不那么情绪化，思想更稳定；

通常对未来持乐观的态度，这种乐观能感染周围的人；

好奇心较强，更容易接受新事物；

倾向于靠自己而不是靠他人。

▼
第十章 ※ **生命的韧性**

——抗逆力

和逆境交个手

培养抗逆力要因人而异。因为每个人面对压力时的反应是不同的,所以在增强抗逆力的时候,不同的人需要使用不同的训练方式。关于如何增强抗逆力,美国心理协会给出了一些建议。

建立联系

与亲密的家人、朋友或其他人保持良好的关系非常重要。

接受那些关心你的人的帮助和支持,有助于增强你的抗逆力。在别人需要的时候提供帮助,对你也有好处。

不要认为危机无法克服

你改变不了高压力事件在生活中不断发生的事实，但你能调整自己在面对这些事件的理解能力和反应。我们应该试着把眼光放长远一些，不要拘泥于当下，看看在将来会有哪些改善。在面对危机时间的过程中，应该将你在应对困境时发现的巧妙方法记录下来，有助于以后的复盘总结。

接受无法改变的环境

逆境可能导致某些我们已经设定好的目标无法实现。在这个过程中，我们要学会的是如何接受无法改变的环境，这将会有助于你精力集中在可以改变的环境上。不要执着于不可改变的事件。

坚定地迈向既定目标

设定一些符合实际的目标。坚持做能够促使你朝着目标前进的事，即使这件事在当下看起来微不足道。不要执着于那些无法完成的任务，我们需要经常问问自己："我今天能完成哪一件有助于实现最终目标的事？"不要把虚无缥缈的理想当做目标，要着眼于自己能力范围内可以做到的事情。

果断行动

面对逆境要尽快行动。只有果断采取行动，而不是停在原地不停地给自己设限，幻想中的问题才会尽快消失。

积极看待自己

培养对自己解决问题的能力的信心，相信自己的本能是可以对形成抗逆力会有所帮助的。不要自怨自艾，需要更为理性的看待自己所具有的能力。

客观看待事物

即使面对痛苦，也要在更广泛的背景下，从更为长远的、理性的角度考虑困境,避免小题大做。

写"抗逆"日记

把自己对压力事件的深刻思考及感受写下来,这对增强逆抗力很有帮助。因为在写作的过程中,你需要认真地组织想法,并及时处理伴随压力事件而带来的负面情绪。

- **我就是我**
- **展开新世界的画卷**
- **传递新的可能性**
- **新事物的灵感**
- **自我进步的动力**
- **给自己一个拥抱**
- **生活依然值得**

可能

第二部分 寻找新的

Part Two

※ ▼

Seeking for New Possibilities

第十一章 我就是我

Chapter 11

——价值

明确价值取向很重要：

它们会指引你去追求

你应该追求的可能性。

当父母的一大奇妙之处就是可以见证孩子的学习、发展和成长。在孩子们还小的时候，我们是老师：传授知识，阅读书籍，帮助他们完成功课；等他们长大了，角色有时会互换颠倒，现在轮到我们向他们学习了。

有个很好的例子。我的女儿露西在格拉斯哥大学学习社会学，再过一年就要毕业了。她最近向我介绍了她的毕业论文。这篇论文内容丰富，资料翔实，案例分析到位，很多都是我以前从未接触过的。在过去的四年里，我跟着露西学到了社会学不同领域的许多新鲜有趣的知识。

露西最热衷、最了解的领域是妇女权利。

因为她，我现在对几个世纪以来女性所遭受的不公和歧视有了更深刻的认识。我知道直到今天，世界上仍有女性在为争取平等的机会和权利而战。我最近还了解了由妇女参政论者于1911年发起设立的国际妇女节。

我在网上搜索信息时找到了国际妇女节的网站，随之发现了一个鼓舞人心的全新天地。引用该网站的话来说："国际妇女节对不同的人有不同的意义，但显然全世界都在关注平等和举行庆祝。纵观古今历史，妇女们有的放矢，合作领导了纠正不平等的行动，以期为社会、儿童和她们自己创造更加美好的未来。无论是通过有大量文件证明的英勇行动，还是通过从未载入史册的微弱抵抗，妇女们为了平等和成就永远团结在一起。"

国际妇女节由世界各国团结在一起的妇女联合领导，是一次特别有力的合作。它已经成为一个强大的全球性平台，团结妇女，推动性别平等，同时庆祝妇女在社会、文化、经济和政治方面取得的成就。

她们的价值取向给我留下了深刻的印象。这些价值观为与这一天相关的行动、行为和理念指引了方向，也为铺垫这一天的全年工作指引了方向。

指引国际妇女节的十大价值取向：

正义	坚韧
尊严	欣赏
希望	尊重
平等	共情
协作	宽恕

国际妇女节的工作每天都在为全球数百万妇女带去希望，而这些价值取向则为这些工作提供了坚实的基础。在我看来，国际妇女节组织是一个正向思考的组织，策划这一天以及全年所有活动、运动的人（不论男女）都在积极地考虑如何实现性别平等。价值取向支撑着他们的工作，帮助他们正向思考并采取积极的行动，缩小男女权利之间的差距。坚持自己的价值取向，让他们在实现理想的道路上有了方向和目标。

国际妇女节在帮助女性方面取得了许多积极的成果，但就整个社会而言，在真正实现男女平等之前，我们还有很长的路要走。

不要丢失方向感

国际妇女节的幕后工作者明确了这些指引他们前进的价值取向。同样，你在面对一种新的可能性时，也需要明确的价值取向来指引你。

所以，想一想对你来说什么价值取向最重要。你会追求一种与你的价值取向背道而驰的可能性吗？例如，你对一个空缺职位很感兴趣，但在申请该职位之前，你访问了这家公司的网站，结果发现该公司的价值取向与你的人生理想截然相反。那么面对这份工作，此时你都会做出自己的选择。

价值取向对一个人的生活及工作方式非常重要。它决定你的优先事项，决定你把时间花在什么事情上，以及如何与人打交道。因此，当一种可能性出现时，就要深入调查，确保你的价值取向不被破坏。是继续追求还是放弃，这取决于你自己。

然而，如果你不知道自己的价值取向是什么，或者支持什么，那么当一种可能性出现时你就会搞不清它是积极的还是消极的。其结果就是面对新出现的可能性，你很难决定应该集中精力去做什么。没有价值取向的引导，你会纠结于每一种新的可能性，不知道哪一种才更适合你。拖延和挫败会导致压力和焦虑的产生，价值取向之所以重要，就是因为它会指引你去追求你应该追求的可能性。

明确价值取向就像从结尾开始倒着书写自传或拍一部讲述自己生活的精彩电影一样！我想你会这样结束你的自传："最后，纵观我生命中追求的一切，正是坚持价值取向让我完成了那么多积极而有益的事情。"这些价值取向应该贯穿你的一生，并始终保持不变。它们将推动你一直走在正确的道路上。价值取向决定你是否应该对一种可能性采取行动。

相信自己的价值

2018年是纳尔逊·曼德拉100周年诞辰，他是20世纪最重要的人物之一。曼德拉致力于和平、谈判与和解，深受世界人民的爱戴。他是南非第一位民选总统（1994—1999），也是反种族隔离的革命家和政治家。为了纪念曼德拉100周年诞辰，纳尔逊·曼德拉基金会决定重现价值取向对社会的重要意义。该基金会成立于1999年，以曼德拉一生坚守的价值取向为信念，其主要目标之一在于促进围绕重大社会问题尤其是人权、民主问题的对话，从而推动建立一个公正的社会。

作为百年纪念活动的一部分，该基金会制作了一件T恤衫，上面印有表达曼德拉的愿景、智慧和遗产的

240个词。这些词在T恤衫上组成了他的笑脸图。

基金会总裁塞洛·哈唐在T恤衫发布会上说:"众所周知,纳尔逊·曼德拉非常注重着装。"基金会设定了一个雄心勃勃的目标,即向全球销售100万件T恤衫,这有助于传播南非反种族隔离斗争的相关价值取向。哈唐强调,销售所得将用于帮助基金会继续曼德拉的工作。

"T恤衫上的每一个词都表达了一个价值取向,你可以随身携带。"哈唐说,"我们希望你穿上T恤衫,为曼德拉的遗产感到自豪。我们希望你向世界传达这个国家的坚韧和爱。"

人们在6月16日曼德拉日及随后的曼德拉星期五穿上了这些T恤衫,这场运动将南非人的目光吸引到了深化民主和实现曼德拉的梦想上。

穿一件体现你所支持和相信的价值取向的T恤——这主意真棒!同样,你也需要坚持遵从对你来说至关重要的价值取向。无论你到哪里,无论出现什么可能性,你都要始终遵从自己的价值取向。这些价值取向将指引你去追求你应该坚持的目标。

如果事情变得很艰难，而你在努力寻找自己的方向，遵从价值取向也有助于支持你渡过难关。在困难的日子里坚持价值取向，你会积极地思考，不会妥协，也不会去追求一种未来可能让你后悔的可能性。

几个世纪以来，成百上千万的妇女和无数的南非人受尽了苦难。但这两个群体都发现，坚持自己的价值取向使他们取得了如此多的非凡成就——这在以前是不可想象的。从他们身上我们可以认识到，只要坚持自己的价值取向，那些一开始仅仅是种可能的事情也许最终会改变你的一生。

第十二章 Chapter·12
展开新世界的画卷
—— 想象

要精通某件事

并取得成功,

需要一万小时。

1501年，一名雕刻家正在位于佛伦罗萨大教堂广场的工作间里忙碌。他试图用一块巨大的大理石雕刻点儿东西，但无论怎么做也不成功。这块大理石开采于近40年前的托斯卡纳卡拉拉，原本是用来为佛罗伦萨大教堂制作雕塑的，后来作废了。因此，40年来这块大理石一直闲置在那里，并且在风吹日晒之下变得粗糙不堪。这名雕刻家无论怎么努力都凿不开这块大理石，愤怒之下，他把凿子扔在地上走开了，嘟囔着说这块大理石造不出什么好东西来。

在院子的一角，一名26岁的年轻人正饶有兴致地看着雕塑家越来越恼怒。看到雕塑家最后放弃并怒气冲冲地走出院子时，他暗自高兴，心想自己终于找到可以为佛罗伦萨大教堂制作雕像的大理石了。

这名年轻人走出院子，穿过大教堂广场，来到大教堂当局的办公室，说他第二天就可以开始为大教堂雕刻雕像。在他看来，那块"没用"的大理石会发挥大作用。

只要在脑海里想象一下那块大理石最终的模样，他就能看到一尊美丽惊人的雕像，而不是一块没用的石头。发现隐藏的美好，这就是他的工作。其他雕塑家都认为不可能的事，这名26岁的年轻人却认为完全有可能。

这名年轻人就是米开朗琪罗，雕像的名字就是《大卫》。仅仅依靠想象，他就雕刻出了世界上最著名的艺术品之一。这正如米开朗琪罗所说："每块石头里都有尊雕像，只等雕刻家去发现。"

那么，这个简单的历史故事和正向思考有什么关系呢？关系大着呢，因为积极运用想象力会打开新的可能性。

你看，如果你无法想象"可能性"是什么样子，就没有机会实现它。就像那个在院子里沮丧愤怒的雕刻家，只看得见大理石的"没用"，认为不可能用它雕刻出什么好东西。

但米开朗琪罗不这么想。他看着大理石的时候用上了想象力,在脑海里看到了一尊等待被发现的美丽雕像。别人认为不可能的事情,米开朗琪罗却看到了可能性。他没有像其他雕刻家那样关注辛苦劳累,而是积极地思考可以用这块石头雕刻什么雕塑,尽管他知道这需要投入大量的时间和精力。

为什么一名雕刻家能在想象中看到一尊美丽的雕像,而另一名雕刻家却认为雕不出什么好东西呢?原因就在于米开朗琪罗在一生中的大部分时间里都特别想更多地了解这个世界,他非常好奇,对新事物很着迷。知识面和好奇心是拥有想象力的重要基石。

让一切都变得熟悉

住在北贝里克有一个好处,就是距离苏格兰首府爱丁堡只有25英里。我很幸运,出门就能看到迷人的海滩、漂亮的高尔夫球场,以及各种高级餐厅、商店、咖啡馆和酒吧。从北贝里克坐上火车,不到30分钟就能到达爱丁堡市中心。爱丁堡是世界上最伟大的城市之一,全年都在举行各种节庆、展览、会议和讲座,享誉世界的演讲者们在这里分享他们的思想观点。

几年前,一个好朋友邀请我去爱丁堡一个大剧院听马尔科姆·格拉德威尔的一场演讲。格拉德威尔是《纽约客》(*The New Yorker*)的记者,也是一位知名作家。他写了五本书,每一本都登上了《纽约时报》的畅销书排行榜。他那天演讲是为了分享《异类》(*Outliers: The*

Story of Success）一书中的观点。格拉德威尔在他的这本《异类》里探讨了促成成功的因素。

在演讲中，他讨论了书中的核心观点"一万小时定律"，让我深受启发。格拉德威尔认为，要精通某件事并取得成功，需要一万小时。他还列举披头士乐队和比尔·盖茨的例子，指出他们至少投入了一万小时用于熟练掌握吉他和歌曲创作或者用于理解电脑编程，才能在各自选择的领域中取得成功。

这让我想到，我们可以通过获取知识来激发想象力。以比尔·盖茨为例，我不知道他是否真的在研究电脑编程上花了一万小时，但我知道他从小就对电脑着迷，一有空闲时间，他不是在学习电脑知识就是在学习编程知识。这在无数有关他的文章和书籍中都有详细的记载。因此，他在很小的时候就相当了解电脑了。正是这些在年轻时积累的知识，使得比尔·盖茨能够充分想象电脑在使用方面存在的新的可能性。凭借这种想象力，他成为世界上最伟大的企业家和创新者之一，他的远见卓识大大改变了电脑行业的面貌。

寻找感兴趣的事

你看，如果不扩大知识面，我们就很难透过事物的表面去看它们存在的可能性。如果无法在现有知识的基础上想象新的可能性，你的创造性思维就会大大受限。如果一直抱着现有的、已被证实的观点，你怎么能想出新的方法来写小说、作曲或者开拓新业务呢？

所以，你需要通过扩大知识面来激发想象力。显然，阅读是获取知识的关键。你可以阅读书籍、博客、推文、网站，以及 Instagram、LinkedIn 和 Facebook 上的帖子——所有这些都能扩大你的知识面。试着去关注一些挑战你当前思维的事，而不是只关注你感兴趣的事。一条有关新事物的推文或帖子，或许会激发你对生活中新的可能性的想象。

如果你不喜欢阅读,那就去看TED演讲、网络直播、纪录片、电影,或者听在线播客、电台节目和有声读物。美术馆、博物馆、图书节、书店、学术会议、公开研讨会等地方或活动,都是你获取新想法和新观点的渠道。

这样一来,你现在的思维方式就会受到挑战,当面对新的可能性时就不会下意识地切换到"旧频率"。此外,扩大知识面或进一步提升对某方面的了解,会让你更容易看到新的可能性。

像孩子一样好奇

想提高想象力，除了需要扩大知识面外，还有一个途径就是增强好奇心。回想我家三个孩子的幼年时期，无论是在玩游戏还是在吃饭时间，他们总有问不完的问题——事情如何运作，为什么某些事情会发生，某个地方在哪里。我不得不说，回答这些问题太累人了！儿童对学习新事物有着强烈的欲望，对周围的世界更是充满了好奇心。他们的好奇心越强，想象力也就越丰富。

然而，随着年龄的增长，人们的好奇心会越来越弱，许多人的观点和习惯会变得故步自封。我们偶尔会看看电视，比如大卫·爱登堡的纪录片，或者读读报纸。但总的来说，我们是习惯的生物，喜欢待在"知识舒适区"里。为了提高想象力，我们需要重新点燃曾经拥有的孩子般的好奇心。

前文提到的米开朗琪罗，不仅是有史以来最伟大的艺术家之一，而且以极好的职业道德闻名于世。而这种职业道德正是源于他对一切事物的好奇心。他是画家、雕刻家、诗人和建筑师，这绝非偶然。他对这些学科产生的浓厚兴趣，促使他不断探索，最终决定要使这几门艺术都臻于完美。

你可以从米开朗琪罗那里获得的经验其实很简单——培养对由积累的知识所激发的想法的好奇心。首先可以从问一些和这个想法相关的基本问题开始。如果你看了一场TED演讲，灵感顿生、思如泉涌，就去找个人进一步讨论这些想法；如果你听了一档播客节目，并对节目内容产生了兴趣，就去提出相关问题，发现更多的精彩。

年龄越大，我们提出的问题往往越少。在我们成长的过程中，提问不知从什么时候起开始被视作一种弱点而不是优势。但是，如果你想敞开心扉接受新的可能性，我强烈建议你顶住社会的压力，继续勇敢地提问，无论是面对面还是在网络空间上！

看看世界上一些最伟大的创新者、企业家、探险家、工程师、科学家、医生和艺术家的一生，你会发现好奇是促使他们成功的一个重要因素。亚历山大·弗莱明、罗莎琳·富兰克林、巴勃罗·毕加索、玛丽·居里、列奥纳多·达·芬奇、翠西·艾敏、尼尔·阿姆斯特朗、弗洛伦斯·南丁格尔等人在终其一生追求的事业中会问出无数的问题，而且我敢肯定，他们会问出很多非常基本的问题！

我认为增强好奇心的一个最重要的好处就是会对新的想法、兴趣和冒险精神持开放态度，而这就是想象力真正发挥作用的时刻！

所以，不断问一些基本的甚至是幼稚的问题，尽可能地扩大知识面，增强对周边世界的好奇心，你就可能创造或者发现新的可能性。而正向思考可以帮助你判断这些可能性中有哪一个会成为现实。要做到这一点，学会分享很重要！

第十三章

传递新的可能性

—— 分享

Chapter · 13

只要和对的人分享,

他们很有可能

会帮助你实现梦想。

事情总是出人意料。每天早上，我和我妻子会带着两条金毛出去散步，然后去报亭买一份报纸。但在这一天，我们平时买的报纸都卖光了，只剩下了《独立报》(*The Independent*)。就这样，我在这张报纸上看到了一篇对我影响很大的文章。

　　那天，《独立报》上刊登了记者肖恩·奥格雷迪的一篇文章，他认为世界上最著名的演讲之一、马丁·路德·金博士的《我有一个梦想》(*I Have a Dream*)是有史以来最伟大的演讲。考虑到其他一些著名的演讲——温斯顿·丘吉尔的《我们将在海滩上战斗》(*We Will Fight on the Beaches*)、圣雄甘地的《退出印度》(*Quit India*)、埃梅琳·潘克赫斯特的《自由或死亡》(*Freedom or Death*)、约翰·肯尼迪的《我们选择登月》(*The Decision to Go to the Moon*)、威廉·威尔伯福斯的《废奴演说》(*Abolition Speech*)等等——这在目前只是一种说法。

惭愧的是，我还从来没有完整地读过《我有一个梦想》。于是，我下载了这篇演讲稿并读了一遍。读完之后，我十分赞同奥格雷迪的看法——这真是一场完美的演讲。一切都恰到好处，就连演讲地点——林肯纪念堂的台阶上——都选得那么理想。林肯纪念堂在美国历史上具有重要的意义，是为了纪念美国第16任总统亚伯拉罕·林肯而建造的。无论是现场的听众，还是正在听广播或看电视的听众，马丁·路德·金的演讲赢得了所有人的共鸣。他用生动、隐喻的语言吸引他们的注意，他反复强调重点，号召行动时清晰简洁，最后描绘了充满希望的未来。这场演讲的听众超过20万人，气氛热烈。

但对我来说，他的演讲还有另一个重要方面，那就是可能性。马丁·路德·金是如何传达可能性的呢？他尽可能地与更多的人分享他的梦想。例如，在"我梦想有一天，我的四个孩子将在一个不是以他们的肤色，而是以他们的品格优劣来评价他们的国度里生活"这段话中，他展示了一种可能性。

从分享中得到能量

分享梦想很重要，因为在对的时间和对的人分享梦想，能够促使这些梦想更快地实现。这不仅会让你对自己负责，也会让你对那些分享你梦想的人负责。当你和别人分享梦想时，会对自己承诺要积极行动，以使梦想成真。马丁·路德·金的一生都受此影响。看看他的演讲为民权运动所做的贡献，全世界的人都受到他的激励和鼓舞，力求实现不分种族、性别或宗教的人人平等。

分享梦想能让你从别人那里获得帮助。无论是和一个人分享还是和成千上万的人分享，分享都能促使梦想的实现。只要找到对的人——你信任的人或者与你有相似梦想的人——他们很有可能会帮助你实现梦想。

分享还能让你的生活走上正轨。大家会经常问你事情的进展如何，提醒你不要忘掉，由此建立起一块督促你盯牢目标的"进度板"！

因此，我要向大家介绍我的密友史蒂夫，说说在对的时间和对的人分享梦想给他带来的好处。

反对让人更清醒

我认识史蒂夫有20多年了。我们一起经历了很多，特别是在我中风之后，他给了我很大的支持。我们曾经在体育运动中各显其能，在本地的酒吧里畅饮啤酒指点江山，还一起做过项目。

在大约五年前，史蒂夫和他的妻子琳达去地中海航海度假。他们都很喜欢这段经历，史蒂夫还因此梦想有一天能和琳达买艘游艇去环游世界。但在当时，他的梦想不可能实现，原因有四个方面：首先也是最显而易见的原因，史蒂夫不会驾驶游艇；其次，他们没有足够的财力购买游艇；再次，史蒂夫刚被诊断出患有心脏病，需要定期接受检查；最后但至关重要的原因是，琳达并没有这样的梦想！

但这趟地中海假期之旅给他的印象很深。为了更好地了解购买游艇的梦想能否实现，他和他的商业伙伴安德鲁分享了这个梦想。2005年，史蒂夫和安德鲁共同创立了Lynchpin Analytics公司。他们开始讨论并且促成了一项计划，即由公司回购史蒂夫的股份。2017年，他们就价格达成一致。2018年3月30日，史蒂夫正式从Lynchpin Analytics公司退休。

史蒂夫继续和所有问他退休以后打算做什么的人分享梦想。他收到了鼓励——"太棒了，去实现你的梦想吧"；也收到了打击——"这不可能"。

他最近告诉我："那些唱反调的人让我保持警醒。如果他们提出了一个可能阻碍我实现梦想的问题，我就会去研究这个问题，并找到解决方案。他们的消极态度也促使我去证明他们是错的。"

通过分享，史蒂夫获得了一些使环球航行成为可能的信息。一位当医生的朋友建议他去和他的医生讨论长途航海旅行对健康的影响。朋友还建议他使用一些新药，这样史蒂夫就无须经常接受检查了。

接着，Lynchpin Analytics公司的一位客户给他发了一封电子邮件，介绍在直布罗陀举行的为期14周的游艇大师课程。游艇大师资格是许多船长的终极目标，无论是专业的还是业余的，因为它涵盖了航海所需的全部知识。史蒂夫在正式退休后的第二天就报名参加了这项课程。

最后也是至关重要的一点，琳达终于产生了同样的梦想。史蒂夫回忆说："我想这就叫'润物细无声'。当我对自己、对她和其他人说起这件事的时候，她看到了我的愿望、激情和理智，慢慢改变了自己的想法。"

如今，史蒂夫的梦想变成了现实。他成为一名合格的游艇驾驶者，有钱购买游艇，有药物让他可以去想去的任何地方，而且琳达现在也有同样的梦想。

2019年3月，史蒂夫和琳达买了一艘游艇，他们从直布罗陀海峡出发，打算环绕地中海航行。

这一切都是因为史蒂夫在对的时间和对的人分享了自己的梦想。

分享需要时机

我举了两个人的例子说明分享梦想的重要性：一个人有益于社会，给世界留下了遗产；另一个人是我的好朋友，他正在做着几年前认为不可能的事。然而，与马丁·路德·金和史蒂夫不同，还有很多人的梦想并没有成为现实。

梦想如何成为现实？这一切要归结到风险和回报。我在《改变方向》一书中曾谈到过这一点。

我认为风险分为两类：不明智的风险和明智的风险。

不明智的风险

不明智的风险会导致消极的结果，潜在的正面影响十分有限。

明智的风险

明智的风险则会带来积极的结果,潜在的负面影响十分有限。

那么,和很多人分享梦想是明智的风险还是不明智的呢?让我们回到史蒂夫的话题。一开始,他只和少数信任的人分享梦想——他的妻子、商业伙伴安德鲁和他的医生。在此之前,如果他逢人就说自己的梦想,我认为这是不明智的。一方面梦想成为现实的概率很小,另一方面他或许会被嘲笑,所以向所有人分享梦想对他并没有什么好处。

但慢慢地,随着解决方案的出现,前进道路上的主要阻碍被扫除,他开始与更广泛的群体分享自己的梦想。这样做是明智的,唯一欠考虑的就是未来可能还有他没想到的其他阻碍。不过,好处也是巨大的,因为他找到了解决所有阻碍的方法，想要帮助他的人越来越多，各种积极的反馈给了他鼓舞和激励。而那些不相信史蒂夫能做到的人也促使他去证明他们是错的。他要对自己负责，确保这件事真的可能发生。他的朋友也会经常问他事情进展如何了。

这就是发现新的可能性的方法。首先在脑海里清晰地描绘梦想，然后列出在实现过程中可能存在的阻碍，最后看看谁能帮助自己。如果你信任他们，重视他们的观点，那就告诉他们你想做什么。相信我，就是这么简单而且管用。他们也许不能马上提出解决方案，但在某种程度上，他们要么给出解决方案，要么联系能帮到你的人。

我无法保证这些新的可能性有一天会成为现实。但是，当你明智地分享一个梦想时，新的可能性就开始出现了。

因此，我们有三种方法可以敞开心胸，接受新的可能——遵从价值取向、善用想象和分享梦想。不过还有另一种方法，为此我想带你认识一下布兰登。

第十四章 新事物的灵感

Chapter 14

—— 创新

创造力帮你打开一个新的可能的世界。

在我看来，书是你能送出的最贴心的礼物之一。无论是犯罪惊悚小说、冒险小说、历史传记、自助手册还是其他类型，书总能激发好奇、引入创新、开拓新的思维方式。这份礼物就像是在说："嘿，我读过这本书，我想你会喜欢的。"或者在说："我读过这本书的书评，我想它正合你的口味。"送书真的是一件很棒的事情。

因此，当我的女儿露西送给我一本书作为圣诞礼物时，我很满意她的选择。我撕开包装纸，映入眼帘的是布兰登·斯坦顿的《纽约人》(Humans of New York)。太棒了！这本书的内页简介里写道："2010年夏天，摄影师布兰登·斯坦顿开始实施一项雄心勃勃的计划：凭借一己之力为纽约市建立人口照片库。他开始带着相机在城市里来回奔波，徒步走了数千英里，试图用镜头捕捉纽约人和他们的故事。这些努力最后催生出一个活力满满、被他称为'纽约人'的博客，里面的每一张照片都配上了语录和轶事。"

2013年,斯坦顿的博客内容被结集成书出版。这本书由400张纽约人的彩色照片组成,令人惊叹。我认为这不仅是一个出书的好主意,而且还展现了创造力带来的新可能的过程!

我想还是先介绍一下斯坦顿吧,说说他是如何接受可能性的。在2010年之前,斯坦顿从未拥有过相机,但在26岁那年,他决定买一部相机。当时,他是一名债券交易员,因此只能利用周末在他居住的芝加哥市中心拍照。他会拍摄一切吸引他注意力的东西——建筑、自然和人。正如他在书中所说,他爱上了摄影。"摄影就像寻宝,即使我拍得很烂,偶尔还是会发现一颗钻石。这足以让我想要更多。"

是什么让斯坦顿从一名全职债券交易员变成了当今世界最著名的摄影师之一呢? 2010年,斯坦顿丢掉了工作,这使他重新考虑自己今后的职业。他决定成为一名全职摄影师,尽管他当时没有什么经验。因此虽说失业对一些人来说是灾难，但这件事却促成了斯坦顿职业生涯及其随后生活的改变。当他被公司裁员后，成为一名全职摄影师的可能性就出现了。

他把所有的时间都用在了摄影上，借此培养自己的创造力。他不仅继续拍摄各种各样的照片，而且搬到了费城，开始在那里摄影。后来离开费城，他决定搬去纽约，并由此进入创造力大爆发的时期。让他深深着迷的不是建筑或著名地标，而是纽约的人。正如他所说："那里的建筑令人印象深刻，但最打动我的是那里的人。那里有很多人，他们似乎都很匆忙。"

受此启发，斯坦顿开始创作纽约摄影集。他将摄影集命名为"纽约人"，拍摄了成千上万张照片。这本摄影集成了露西送给我的圣诞礼物。

斯坦顿发现了一件与他自己有关的重要事情，那就是一旦给他合适的环境、合适的地方和合适的人，他就能释放自身的创造力。这种创造力打开了一个新的可能世界，最终使他不仅出版了《纽约人》，还出版了《纽约人的故事》（*Humans of New York Stories*）和《小小人类》（*Little Humans*）。此外，他的网站还显示，他相机下的人物和故事已经遍及20多个国家。

那么，怎么运用创造力去开启新的可能性呢？

创造力的舒适圈

要是上网搜索"如何提升创造力",你会发现一个又一个列出各种方法、技巧和工具的网站。这些都很有用,但我想重点谈谈激发创造力的主要因素。在我看来,有三个主要因素——合适的地方、合适的环境和合适的人,它们都能帮你提升创造力。

合适的地方

多年来,我以出席者或演讲者的身份参加了世界各地的许多会议。我享受参加这些活动的感觉,也得到了参观新城市和新地方的机会。现在回想起来,我觉得自己的创造力在身处新地方的期间得到了提升,因为我总会留出几天的时间去观光。例如在芝加哥时,我利用周末去观光,参观了西尔斯大厦、芝加哥艺术学院,还看了一场美式橄榄球赛和一场棒球赛。这些经历使我享受生活,也帮助我放松和打开了思维,给了我思考的空间。我从中深受启发,带着新的令人兴奋的可能性回家。从芝加哥回来后,我想到了一个新的主意,这个主意后来非常成功。芝加哥这个新地方激发了我的创造力,有助于我打开思维去迎接新的可能性。

作家和艺术家在隐居静修之后变得更有创造力并非偶然,同样,公司也会组织团队成员远离日常工作的干扰,到酒店或不同寻常的地方去休假,以便帮助他们制订新战略。我相信,这会让人们更加放松,有助于激发创造力。

体验一个新地方,不是非要去芝加哥或搬到纽约!我猜一小时车程内总有你从未去过的村庄、城镇和景点。如果你在度假,与其整周躺在泳池边,不如花一天时间到通常不会去的地方走走看看;如果你要参加会议，安排好行程，至少要留出半天时间去观光。

迟早有些事情会激发你的创造性思维，让你看到或创造出新的可能性。

合适的环境

还有一个激发创造力的好方法是经常去不同的地方工作。不必一直如此，但至少每周要有几个小时。无论你从事什么职业，要想提升思维的创造性，找一个新地方待上一段时间是个很好的方法。

所以，如果你想写书，不要只在家里写，可以换一种环境，到图书馆、博物馆或最喜欢的咖啡店；如果你刚刚创业，总在家里工作，那就加入共享办公空间，大多数共享办公空间都有"启动套餐"，能让你以非常合理的费用每周使用办公室几小时；如果你从事的是护理或教学这样的职业，那么尽可能在回家的路上到咖啡馆等新的场所待一段时间，或者至少花一个小时去散步。

你要做的是找到一个地方，它不是你的家或平常工作的地方，却能让你真正地集中精力思考，帮助启发你下一步的行动，解决目前面临的业务挑战，或者仅仅是回头想想这一天是否还有什么需要改善的地方。

合适的人

如果你读过我的书，就会发现一个不变的主题——与人有关的故事。这些人中有我的同事，有我当球童时的服务对象，还有我的发小；有艺术家、运动员，还有我钦佩的历史人物、商业领袖；有我见过面的，有我读到过的，还有我在TED演讲或YouTube视频里看到的。

无论他们是谁，无论我在哪里遇到他们，他们都给了我莫大的激励，让我想在书中分享他们的故事。我总是以此开启写书的创作过程。我就是喜欢深入他们的生活，再多了解他们一点儿，他们的所言所行或所思所想经常激发我的创造力。

仅仅是与人相识也能激发创造力。你可能会问，怎样才能结识合适的人呢？不是每个人都想参加商业俱乐部、读书俱乐部、体育俱乐部、社交活动、课程、会议或者艺术活动！如果你也是这样，那就上网吧。比如，你可以在维基百科、YouTube、博客、Instagram、TED演讲、LinkedIn和Twitter上"结识"很多厉害的、励志的人物。只要阅读、观看或倾听他们的故事，你就会惊讶地发现自己变得更富有创造力了。这对我来说真的很管用！

回到斯坦顿的话题。他的书和他所有的社交活动都获得了巨大的成功，这在一定程度上是因为他通过改变住所、环境以及结识许多的新朋友激发出了自己的创造力。我不能保证你会变得像斯坦顿一样富有创造力，但只要你试着时不时地去寻找新地方、新环境或新朋友，你的创造力就会被唤醒，新的可能性也就会出现。

第十五章 自我进步的动力

Chapter · 15

——目标

让目标成为

你动力的核心。

我猜大多数人都和家人、朋友或朋友的伴侣有过"你会邀请谁共进晚餐"的对话。如果要选出五个人一起共进晚餐，你会选谁呢？这样的对话很有意思，因为它从根本上表明了激励你的人是谁。我的五份邀请将发给巴拉克·奥巴马、比利·康诺利、汤姆·汉克斯、菲奥娜·布鲁斯和艾德·斯塔福德。我想你们大多数人都听说过前四位，但可能没听说过艾德·斯塔福德。

艾德做了一件看似不可能的事情——他沿着亚马孙河徒步走完了全程，从秘鲁境内的河流发源地一直走到巴西东北部的大海。2010年8月9日，在历经约860个艰苦日夜、走过900多万步、受到20多万次蚊子和蚂蚁的叮咬、磨破6双靴子、遭遇600多次黄蜂蜇伤和十几次蝎子蜇伤后，艾德终于走完了全程。在两年半的时间里，他将这趟富有挑战性的旅程拍摄下来并上传到博客，吸引了全世界的关注。挑战完成后，一家电影公司以艾德拍摄的影像为素材,制作了一部纪录片。我清楚地记得,我在看《徒步亚马孙》(*Walking the Amazon*)这部纪录片时,对艾德所做的壮举感到无比敬畏。

他的坚韧让我印象深刻。徒步不仅是对体力的极大挑战,也会给人的心理造成剧烈的波动。一路上,他经历了绝望、恐惧、疲惫和悲伤,也经历了快乐、欢笑、幸福和得意。兰奴夫·费因斯爵士形容艾德的远征是"迄今为止探险活动中真正非同一般的一次"。

走完这趟漫长而艰难的旅程后,艾德完成了许多其他挑战,在非常恶劣的环境中谋求活路。他还写了几本书,拍了几部讲述自身经历的纪录片。

因此,我很高兴在开车去爱丁堡的路上听到了英国广播电视台对艾德的采访,内容主要和他的新书《一生的冒险》(*Adventures for a Lifetime*)有关。采访非常精彩,他谈论了新书,采访的其余部分则关注到了他的生活,以及他挑战自己、探索世界的动力所在。我注意到他说了这样一段话:"把自己置于无法掌控而且有点儿危险的境地，如果你在生活中把自己置于这样的境地，我觉得真的对你有好处，你会成长和发展。"

他认为冒险是人在生活中成长和发展的一种方式。这就是他勇于冒险的原因。他把冒险看作加深自我了解的途径和推动自我进步的动力。但最让我印象深刻的还是他相信自己能完成挑战的积极心态和他想要成为一个更好的人的坚定信念。这就是目标，也是动力的核心所在。

主动一点

正向思考有助于你设定目标。有两种类型目标。第一种类型为"趋向性目标",即为了实现积极的(或想要的、高兴的、有意的、喜欢的)结果而设定的目标。艾德设定的目标就是"趋向性目标",因为他想挑战自己去实现一个前所未有的目标——徒步走完亚马孙河全程。第二种类型是"回避型目标",即为了避免消极的(或痛苦的、讨厌的、有害的、不想要的)结果而设定的目标。举例来说,因为城市喧闹忙碌而想要搬家,但搬家是一件压力很大的事,因为它需要很长时间,花费高昂,充满了不确定性,而且还不一定会成功。当人们想到这一系列问题之后,对于搬家这个想法充满了犹豫,这就属于"回避型目标"。

要想通过正向思考判断一个可能性是否现实可行，最好关注趋向性目标，规避回避型目标。事实上，设定回避型目标是一个紧张的过程，持续留神负面可能性会消耗人的精力和乐趣，导致压力、焦虑和失望的产生。而设定趋向性目标并朝着实现可能性的方向前进，会让我们感觉良好，获得满足感，也更有活力，更心满意足。

"聪明的"目标

设定和实现目标有一个最好用也最有用的方法,就是目标聪明法(SMART)。SMART指的是:

S:明确的(Specific)

目标是否清晰明确?参与实现目标的人是否都能理解?

M:可衡量的(Measurable)

目标是否可实现和可衡量?只有目标可实现和可衡量,才能判断目标的完成程度。

A：可达成的（Achievable）

目标是否在你的能力范围之内？

R：现实的（Realistic）

以你现有的资源和知识，能实现目标吗？

T：时限性（Time-bound）

你是否设定了目标期限，给自己留下足够的时间去完成目标？

运用SMART法设定目标，你更有可能实现它们。

艾德设定徒步走完亚马孙河全程这个目标就运用了SMART法。这有助于他在面临危险、遇到挫折或者仅仅是精疲力竭的时候保持动力。通过设定明确、可衡量、可达成、现实且有时限的目标，他完成了大多数人不可能完成的任务。所以，当你看到一种可能性的时候，不妨试试SMART法，看看这种可能性是不是你想追求的目标。

到目前为止，我在这本书里分享了很多建议和想法。但其中最重要的还是这一点——如果想要敞开心胸去接受能够提升生活质量的新的可能性，并从正向思考中受益，你真的需要知道自己是谁。

第十六章 给自己一个拥抱

Chapter · 16

——身份

接受真实的自己,

开启无数可能性。

我想讲讲我的邻居雷切尔·伍兹的故事。她的经历曲折离奇而又振奋人心，真实地反映了这一章的主题——身份，以及身份会对敞开心胸去接受新的可能会产生多么大的影响。

10岁那年，雷切尔被诊断出患有高功能自闭症。此前几年，她的父母开始注意到她的发育方式与她的两个姐姐的差异。到了上幼儿园和小学的年纪，老师们又发现她的交流方式与其他孩子略有不同。综合考虑了各方面的因素，家庭医生将雷切尔转到当地的一家医院，那里的一位自闭症专家证实了诊断。

在确诊后的14年里，雷切尔在家人、同学、朋友、同事和健康专家的帮助下做了很多事情。她接受了自己患有自闭症的现实，也充分认识到自闭症将给自己的生活带来挑战。这些挑战主要集中在人际交流和适应陌生的社会环境方面。

上学期间，雷切尔取得了五门合格三门良好的课程成绩，还加入了苏格兰国家女子合唱团。17岁那年，她随父母搬到新西兰住了三年。在一家人搬回苏格兰之后，起初雷切尔很难找到工作，所以她去乐施会和当地的一家慈善机构做了志愿者。同时，她进入爱丁堡学院学习，并获得了企业管理职业资格证书。

但雷切尔发现她还是很难找到工作。她成功地获得了面试的机会，可从来没有得到录用。这实在令人沮丧。她多次对父母说，面试她的公司似乎总把她看作残疾人而不是合适的岗位候选人。

但是雷切尔没有放弃——她想要证明高功能自闭症患者同样能找到工作。当雷切尔谈及这种动机的来源时，她说："85%的高功能自闭症患者找不到工作，我不想成为他们中的一员。"

因此，她申请了苏格兰国家旅游局官方网站"苏格兰之旅"的学徒岗位。这可以让雷切尔有一份收入，同时获得行业认可的任职资格。从一开始，苏格兰国家旅游局就没把雷切尔当成残疾人，反而认为她具备了学徒所需的一切条件。他们给了雷切尔这份工作。

这是三年前的事了。如今，雷切尔已成为团队中重要的一员。事实上，她对旅游局的贡献已经得到了大家的认可。2018年，旅游局市场总监问雷切尔是否可以推荐她在TED大会上做一场演讲。雷切尔的演讲申请使TED大会组织者深受感动，他们邀请她在同年6月举行的苏格兰TED大会上做演讲。雷切尔接受了邀请，并以"让我们重新思考能力与自闭症"为主题做了演讲。

对于高功能自闭症患者来说，在数以百计的人面前做现场演讲是一件不得了的事。雷切尔觉得，现场的人多到让她害怕。而当处于压力或焦虑状态时，她很难流畅地沟通与表达，她担心人们看到她会将她视为异类。但即使面对这些挑战，她还是决定发表演讲。

演讲相当精彩。雷切尔用大约9分钟的时间向听众讲述了自闭症对生活的影响。她对自闭症患者的能力充满热情，也对自闭症患者缺乏工作机会感到愤慨。她强有力地表达了雇用自闭症患者的好处，比如对细节的高度关注，对任务的极端专注和出色的时间把控能力。她请求雇主们多考虑自闭症的积极方面，而不是仅仅把它看作一个人在职业上取得成功的障碍。

而我从这场演讲中接收到的最重要的信息则是，雷切尔接受了真实的自己，更把自闭症视为自己的一部分。正如她在演讲中所说："告诉别人我有自闭症时我顾虑重重，但我不该隐瞒，自闭症是我的一部分。世界需要接受它，而我也是这个世界的一部分。"

这就是要接受自己的身份并像雷切尔那样学会与之共存的原因——生活中许多新的可能性会因此而开启。

我是谁

接受自己的身份对于发现或创造可能性来说十分重要，如果你总是试图否认真实的自己，就很难从正面思考并看到新的可能性。当雷切尔欣然接受自己患有自闭症的事实，并愿意与她遇到的每一个人交流时，新的可能性就出现了：在适当的帮助和支持下，她可以申请学徒岗位。因为她的职业操守和工作态度给苏格兰国家旅游局的市场总监留下了深刻的印象，于是又出现了一种可能性：市场总监觉得雷切尔可以做一场TED演讲，分享她的经历。这里的关键在于，雷切尔思考了这些可能，权衡了实现这些可能的风险，并做出了她有能力追求这些可能性的决定。

这也是我的经验。一旦接受了我患过中风以及它现在对我也有积极影响的事实，新的可能性就开始在我的生活中出现了。

大多数时候，我们的身份是由职业定义的。回想一下上次你在聚会上第一次见到某人时的情景。我敢打赌，你们刚认识没几分钟，谈话就会转到你的职业上。我们都戴着向别人展示"我是谁"的"徽章"，自己却浑然不觉——"我"可能是医生、IT总监、妈妈或服务员。这个"角色徽章"就是你的"身份"。问题是如果你失去了这个身份，比如遭到解雇、患上严重的疾病或孩子离开了家，这个身份"徽章"就不适用了。另外，你现在戴的可能是使你缺乏自信或不太引以为傲的"徽章"，所以你也许并不喜欢现在的身份。这两种情况——失去或不喜欢自己的身份——都将让你很难敞开心胸迎接新的可能性。

因此，如果你和我一样——起初不肯接受自己患上中风——就要向雷切尔学习。赞美拥抱真实的自己，不要为此尴尬，告诉所有人"你是谁"，这正是正向思考的一部分。然后，新的可能性自会出现。

和真实的自己和解

通过接受真实的自己，我开启了无数种可能性。我是一个中风幸存者，但这没什么，我开始尝试去了解别的中风幸存者和他们的生活。天啊，竟然有那么多不可思议的励志故事！其中给我最多鼓舞与激励的是让－多米尼克·鲍比的故事。在1995年以前，鲍比一直担任法国《Elle》杂志的编辑。在40岁出头本该和孩子们享受生活的时候，鲍比患了严重的中风，完全丧失了生活能力。中风导致了一种被称为闭锁综合征的现象，即身体和大部分面部肌肉瘫痪，但意识仍然存在。结果，鲍比从脖子以下都瘫痪了，只有头部还可以左右转动。

他和一位语言治疗师合作，希望找到一种可以沟通的方式。为了帮助鲍比，这位语言治疗师重新排列了字母表，专门为他开发了一套沟通代码。该代码以法语中每个字母的使用频率排列组合的字母表为基础。当看到想要的字母时，让就眨眨眼，然后继续寻找单词中的下一个字母。整个过程极其困难，但鲍比还是下定决心要写一本讲述自己中风前后的生活的书。

鲍比的这本《潜水钟与蝴蝶》（*The Diving-Bell and the Butterfly*）回忆了他中风前的生活，也记录了来医院看望他的人，这些人并没有把他当成植物人。鲍比的故事里没有悲哀或绝望，他很快适应了新生活，努力过到最好。面对中风，鲍比表现出了巨大的勇气——无论发生什么，都要努力充实地生活。

这也让我看到，即使是患上严重中风的人也有可能写出一本优美而鼓舞人心的书。鲍比有这种可能，我想我也有这种可能。这种可能性在我脑海里形成之后，我就开始考虑如何把它变为现实。自从读了让的书以来，十年里我已经写了三本书。因为我接受了我的新身份，这些书才成为可能。

所以，接受你的身份，就像我、雷切尔和鲍比一样，这是敞开心胸接受新可能的最好方式之一。无论你决定追求什么可能，都要确保它们会给你带来高兴、善良、欢乐、希望、热情和鼓舞。你会在下一章里发现这样做的好处。

第十七章 Chapter 17

生活依然值得

—— 情绪

正向情绪往往是那些有意义的时刻的基础,这些时刻会让你感觉幸福,感觉生活值得过下去。

不知是巧合还是别的什么，这个早上我正打算写最后一章。为了调节心情，我带着我的狗去家附近的海滩散了好长时间的步。天气极好，这是一个晴朗清爽的冬日。我边走边在脑海里构思这一章的结构，我知道要讲哪些要点，也知道该如何总结这一章，总结整本书。但是，我仍绞尽脑汁地想为这最后一章找一个开篇故事。没有故事可不行。

我离开海滩，走进当地的报刊店买了一份《泰晤士报》(*The Times*)。回到家，我煮了杯咖啡，坐下来翻开报纸。就在头版，我读到了《泰晤士报》健康专栏记者凯特·雷的一篇文章。它和这最后一章是如此契合，把我都给惊呆了！

这篇题为《为什么正向思考是控制情绪的最好方法》(*Why Positive Thinking is the Best Way to Get a Grip*) 详细介绍了英国伦敦大学学院研究人员最近做的一项研

究。该研究认为，正向思考有助于人们晚年的身体、情绪和认知健康。

这项研究由安德鲁·斯特普托教授主持，发表在《美国国家科学院院刊》(*Proceeding of the National Academy of Science*)上。作为英国老龄化纵向研究的一分子，他带领团队分析了2012—2016年间7000多名50岁以上成年人的数据。

参与者被问及"在多大程度上觉得自己一生中所做的事情是值得的"，并被要求从1到10对他们的答案进行打分。研究人员发现，那些评分较高的人生活得明显更好。这表明拥有使命感和从事有价值的活动能够促进人们晚年生活的健康和幸福。

斯特普托教授说："随着人类寿命的逐渐延长，我们需要更好地了解哪些因素能使老年生活更健康、更幸福。"他解释道："这是一个双向的过程。良好的社会关系和较好的健康状况不仅有助于我们感觉自己过着有意义的生活，而且这种意义感还能支撑未来的社会文化生活以及健康和幸福。"

这篇文章讲出了本书的核心主旨,即正确进行正向思考可以给身心带来很多好处。

乐观是一切好的开始

人们都喜欢舒服的感觉，我想这是所有人类——不论种族、肤色、信仰、宗教、性别或政治信仰——少有的共同点之一。而正向情绪恰恰会让人感觉很舒服！现在有越来越多的科学证据表明，体验高兴、热情、快乐、希望、善良、鼓舞等正向情绪对于过上幸福健康的生活至关重要。

正向情绪不仅仅是我们为了获得短暂快乐而追求的"开心感"，它在日常生活中也扮演着重要的角色。单纯追求短暂的享乐，可能无法让你获得持久的意义和幸福，但正向情绪往往是那些有意义的时刻的基础，这些时刻会让你感觉幸福，感觉生活值得过下去。想想你从家庭生活中获得的快乐，或者你在事业上有所成就时获得的巨大满足感。

正向情绪的好处在很多研究中得到了体现，它们关系到一些结果：

寿命更长；

人际关系的质量更好；

全身心投入手头的工作；

更具韧性和毅力；

身心更加健康；

思维更有创造力；

决策更高效。

这里存在一个很重要的问题，即正向情绪究竟是原因还是结果。很多领域越来越多的证据表明，是正向情绪导致成功结果，而不是相反。因此，正向情绪确实会带来重要的结果，比如感觉人生具有意义，工作充实高效，人际关系和谐圆满，身心更加健康，寿命更加长久。

但要警惕的是，千万不要掉进这样的陷阱——认为正向情绪总是好的，负面情绪总是坏的。事实并非如此，所有情绪无论正向或负面，都是正常的。负面情绪预示着要尽快逃离危险，比如对可能有害的情况的恐惧。出于自我保护的原因，负面情绪显然很有好处。研究恐惧、愤怒、悲伤、内疚等负面情绪的书籍和学术论文很多，研究正向情绪的书籍和学术论文却很少。

不过，许多值得尊敬的科学家和心理学家正在对正向情绪进行研究，北卡罗来纳大学心理系教授芭芭拉·李·弗雷德里克森是其中的领军人物。她详细地记录了其在正向情绪领域的开创性研究，写了两本书，发表了许多研究论文，制作了包括TED演讲在内的大量视频。我之前列举的一些结果就是由弗雷德里克森记录在书中的。

与积极同行的人生

用正向情绪这个主题作为本书的结尾是一个必然的选择。正向情绪是高效正向思考的关键，喜悦、希望、鼓舞、乐观、爱、感恩、同情、宁静、快乐、热情等正向情绪能赋予人生以意义和目标。

行文至此，我一直在努力阐明正向思考的关键主题，以及新的可能性会如何丰富你的生活。中风13年后，我终于明白接受、人生目标、心态、乐观、优势、选择、感恩、消极性、失败、韧性、价值、想象力、梦想、创新、目标、身份和正向情绪这些主题为何如此重要，是它们帮我认识到一种不同类型但非常有益的正向思考，使我发现了许多新的可能性。这本书的引言之所以叫《中风后的发现之旅》,是因为中风最终让我找到了人生的意义、目标和幸福。2006年,我还躺在病床上,无法与亲朋好友沟通;现在,我忙于著书立说。这段人生历程可谓是我极力提倡的正向思考的证明。

别误会,我的生活并非"乌托邦"!我要花上几天有时甚至是几周去寻找活着的意义和快乐,我仍旧感觉焦虑紧张、筋疲力尽。但只要我回过头去思考这本书探讨的一些主题,运用我谈到的一些想法,意义、目标和幸福就会回归,焦虑和压力就会减轻。这就是为什么我在这本书的开篇说"41岁时严重中风,是发生在我身上最积极的事情之一"。

正如我在前言中所说,本书的主要目的是帮助重新思考21世纪的正向思考。"正向思考"这个词通常与20世纪的正向思考运动联系在一起,该运动导致了人们在观念上的两极分化。有些人认为,正向思考运动带来了巨大的好处;还有些人则认为改善生活的承诺从根本上来说就有缺陷,并没有任何科学依据。

然而，读完这本书，你就会明白我提倡的是一种全新的、21世纪的正向思考。我希望它能给你带来挑战、激励和鞭策，帮助你创造一个充满可能性的世界。

致谢

这是我的第三本书,如同之前一样,我得到了很多人的帮助。

在此特别感谢他们!

感谢菲奥娜·麦基弗和海伦·麦吉利夫雷阅读了我的第一版手稿。

感谢史蒂夫·达格利什、贝卡·亨德森、卡利·斯宾塞和雷切尔·伍兹愿意让我分享他们非凡的故事。

感谢一直帮助我的医生克莱尔·道顿博士和加布里埃尔·萨路奇博士!感谢神经心理学家大卫·吉莱斯皮博士!感谢医疗服务体系内所有帮助我从中风中恢复的

医生、护士以及语言康复训练专家!

感谢LID出版社的优秀团队,特别是萨拉·塔赫里、马丁·刘、凯若琳·李、苏珊·弗伯和苏·利特福德。

当然,还要感谢我家的两条大金毛杜戈尔和阿尔奇——与它们在北贝里克郡海滩一起散步的时光,给了我思考和计划这本书的空间和灵感。

感谢爱着我、鼓励我的杰克、露西和萨姆。

最后,也是最重要的,感谢我可爱的妻子露易丝,在她的支持和帮助下这本书才得以出版。